# 豫北地区石灰岩矿资源地质特征及矿山环境恢复治理研究

主编　孙越英

黄河水利出版社

·郑州·

# 内 容 提 要

本书对豫北地区石灰岩矿的矿床地质特征、成矿规律、矿石物质成分进行了探讨，并对豫北地区废弃石灰岩矿山的恢复治理进行了综合研究。

该书可供矿产地质勘查人员、矿山开发研究人员、科研教学人员和有关专业的学生阅读参考。

**图书在版编目（CIP）数据**

豫北地区石灰岩矿资源地质特征及矿山环境恢复治理研究/孙越英主编. —郑州：黄河水利出版社，2014.9
ISBN 978 - 7 - 5509 - 0907 - 6

Ⅰ.①豫… Ⅱ.①孙… Ⅲ.①石灰岩矿床 - 地质特征 - 研究 - 河南省　②石灰岩矿床 - 矿山环境 - 治理 - 研究 - 河南省
Ⅳ.①P619.22　②X322.261

中国版本图书馆 CIP 数据核字（2014）第 208215 号

组稿编辑：王志宽　电话：0371 - 66024331　E-mail：wangzhikuan83@ 126. com

出 版 社：黄河水利出版社
　　　　地址：河南省郑州市顺河路黄委会综合楼 14 层　　邮政编码：450003
发行单位：黄河水利出版社
　　　　发行部电话：0371 - 66026940、66020550、66028024、66022620（传真）
　　　　E-mail：hhslcbs@ 126. com
承印单位：河南新华印刷集团有限公司
开本：787 mm ×1 092 mm　1/16
印张：9.25　　　　　　　　　　　　插页：2
字数：170 千字　　　　　　　　　　印数：1—1 000
版次：2014 年 9 月第 1 版　　　　　印次：2014 年 9 月第 1 次印刷

定价：38.00 元

# 序

石灰岩(Limestone)简称灰岩,是以方解石为主要成分的碳酸盐岩。有时含有白云石、黏土矿物和碎屑矿物,有灰、灰白、灰黑、黄、浅红、褐红等色,硬度一般不大,与稀盐酸反应剧烈。

非金属矿产具有一矿多用、多矿共用的特点,矿产品的应用领域非常广阔,几乎涉及所有工业部门。随着高科技的发展,愈发显示出非金属矿的重要作用,其加工产业链条比金属矿产要长,价值潜力更大。世界各国特别是发达国家非常重视非金属矿资源的开发、利用,非金属矿工业已成为世界工业中极其重要的组成部分。

豫北地区石灰岩分布极为广泛,质量具有差异性,根据 CaO 含量的多少,分为熔剂灰岩、化工灰岩、制灰灰岩、水泥灰岩及普通建筑石料。区内熔剂灰岩矿区,矿石质量好,CaO 含量在 54% 以上,有害组分含量低,属普通特级品,是理想的冶金原料。矿体均出露地表,结构简单,含夹层少,矿层厚度大且稳定,矿体倾角小,近于水平,产状变化小,矿区水文地质条件简单,构造不发育,开采条件良好。

豫北地区石灰岩储量极为丰富,品种齐全且质地优良,可满足多种用途。然而多年来,石灰岩除用于生产水泥和建筑石料外,仅少部分用作冶金熔剂、制碱等原料。随着石灰岩应用研究的深入,石灰岩的应用领域越来越广,其利用方向应朝超细轻质碳酸钙、超细重质碳酸钙、饲料添加剂、纳米碳酸钙制造及其应用等技术含量高的深加工项目上发展,以生产出具有市场竞争能力的新产品,把石灰岩的资源优势变为经济优势。

石灰岩矿山露天开采后往往形成裸露山体,给周边环境带来严重影响,原来郁郁葱葱的绿山已经变成了“白花花”的秃山,而且低洼不平,很容易受到自然环境的侵蚀风化,带来泥石流突发的危险。

废弃的石灰岩矿山,通过采用新技术、新方法进行综合治理,人为地对岩质边坡进行治理和生物、植被景观再造,进而改善自然生态环境,有效科学地利用治理后的场地,使治理区与周边自然山体融为一体。

石灰石是冶金、建材、化工、轻工、农业等部门的重要工业原料。随着钢铁和水泥工业的发展,对石灰石的需求将进一步增加,这将需要开采更多的石灰石作原料。此外,冶金、化工等方面对石灰石的需求也很大,为此国家及有关部门投入了大量的地质勘查工作,提交了多份石灰岩矿区地质勘查报告,众多的国内外地质专家、学者都对河南省豫北地区石灰岩矿的地质勘查及综合研究取得了大量的地质科研成果,有些成果未形成专著公开发表,为此,河南省地质矿产勘查开发局第二地质矿产调查院、河南省地质矿产勘查开发局第五地质勘查院、河南建筑材料研究设计院有限责任公司、河南省国土资源科学研究院、中国地质大学(武汉)材化学院、中国地质大学(武汉)工程学院、河南省地质矿产勘查开发局遥感中心、河南省地质矿产勘查开发局测绘地理信息院等单位组织长期从事石灰岩矿有关地质专家和有关人员根据以往地质勘查科研成果,参阅国内外有关文献、资料,进行综合研究,编写了《豫北地区石灰岩矿资源地质特征及矿山环境恢复治理研究》一书。

本书总结了豫北地区石灰岩矿成矿规律,特别是对豫北地区石灰岩矿的矿床地质特征、成矿规律、矿石物质成分进行了探讨,并对豫北地区废弃石灰岩矿山的恢复治理进行了综合研究。本书内容丰富,资料翔实,图文并茂,对矿产地质勘查人员、矿山开发研究人员、科研教学人员和有关专业的学生等均具有重要参考价值。

中国地质大学(武汉)博士生导师

2014 年 8 月

# 前　言

　　豫北地区石灰岩储量极为丰富,品种齐全且质地优良,可满足各种用途,然而多年来,豫北地区石灰岩多用于生产水泥和建筑石料,仅少部分用作冶金熔剂、制碱等原料。随着石灰岩应用研究的深入,石灰岩的应用领域越来越广:在冶金工业中,它是冶炼生铁、钢和其他有色金属的熔剂;在化学工业中,它是制碱、电石、碳酸钙、漂白剂、肥料、油漆等的重要原料;在农业中,它用于改良土壤和饲料添加剂;在环境保护中,它是一种较好的吸附剂;在建筑业,石灰岩可用来生产各种水泥,一些质地优良、色泽鲜艳的石灰岩还可以加工成大理石装饰材料和其他工艺品。

　　石灰岩矿作为一种地质资源,地域分布广、用途多样、经济价值巨大,但因其开采主要为露天采矿,其对地质环境破坏的强度也特别严重,无论是对地貌景观的破坏、土地资源的破坏,以及对其他方面(如易诱发地质灾害等)的破坏都是非常严重的!在河南省尤其是豫北更是重中之重。在给经济带来繁荣的同时,其付出的环境代价也是巨大的,而且是不可逆转的!所以在石灰岩矿开发利用中,应遵循"在保护中开发,在开发中保护,资源与环境保护并重"的原则,切实搞好矿山地质环境保护。

　　参加本书编写的主要单位及人员有河南省地质矿产勘查开发局第二地质矿产调查院高级工程师孙越英、高级工程师郭可战、工程师孙石磙、工程师樊子玉、工程师张海洋、助理工程师周慧敏、助理工程师宋永利、技术员庚泽群,河南省地质矿产勘查开发局第五地质勘查院高级工程师王宗炜、教授级高级工程师任润虎,河南建筑材料研究设计院有限责任公司高级工程师吴会军,中国地质大学

（武汉）材化学院孙雨（研究生），河南省地质矿产勘查开发局第四地质勘查院刘应然（博士生），河南省地质矿产勘查开发局遥感中心工程师赵静，河南省国土资源科学研究院工程师张洪波、河南省地质矿产勘查开发局测绘地理信息院工程师郝伟涛、工程师郑观超、工程师刘超良等。本书共分18章，第1~7章由孙越英、郭可战、孙石磙、郝伟涛、王宗炜、周慧敏、张海洋、宋永利、庚泽群执笔，第8章由孙雨执笔，第9~18章由孙越英、任润虎、张洪波、吴会军、郑观超、刘超良、刘应然、樊子玉、赵静执笔，全书最后由孙越英统一修改定稿。本书特邀中国地质大学（武汉）博士生导师余宏明教授担任技术顾问，在此深表谢意。

本书在编写过程中，得到河南省地质矿产勘查开发局第二地质矿产调查院、河南省地质矿产勘查开发局第五地质勘查院、河南建筑材料研究设计院有限责任公司、中国地质大学（武汉）、河南省地质矿产勘查开发局遥感中心、河南省国土资源科学研究院、河南省地质矿产勘查开发局测绘地理信息院等单位的大力支持及帮助，在此一并致谢，同时，在本书编写过程中，编者参阅了有关院校、科研、生产、管理单位编写的教材、专著或论文，在此对参考文献的作者表示衷心感谢！

由于编者水平有限，书中难免存在缺点、错误和不足之处，诚恳地希望读者给予批评指正。

**作 者**
2014 年 7 月

# 目　录

# 第1章　总　　论

## 1.1　石灰岩矿的工业用途及在国民经济发展中的地位

石灰岩用途非常广泛,是国民经济各部门以及人民生活中必不可少的原料,在建筑工业中用来生产水泥和烧制石灰;在冶金工业中用作熔剂;在化学工业中用来制碱、漂白粉及肥料等;在食品工业中用作澄清剂;在农业中用来改良土壤;在塑料工业中用作填料;在涂料工业中广泛用于做各种建筑涂料;在造纸工业中用作碱性填料;在橡胶工业中用作橡胶的基本填料;在环保工业中用作吸附剂。一些质地优良、色泽鲜艳的石灰岩还可以加工成大理石装饰材料和其他工艺品。

根据矿石化学成分有害杂质的含量和矿石物理性质与用途的不同,石灰岩可细分为电石用灰岩、制碱用灰岩、化肥用灰岩、熔剂用灰岩、玻璃用灰岩、水泥用灰岩、建筑石料用灰岩、制灰用灰岩、饰面用灰岩等。

## 1.2　豫北地区石灰岩矿基础工作研究程度

新中国成立以来,经过地质工作者的辛苦努力,豫北地区石灰岩矿地质调查和矿产勘查工作取得了丰富的成果。

基础地质调查:已完成了1:20万陵川幅、鹤壁幅、郑州幅等3幅区域地质矿产调查,完成了1:20万水文地质调查,完成了1:5万方庄幅、东陈召幅、淇县幅等3幅区域地质调查工作,完成了1:20万和1:5万航磁测量以及1:50万区域重力测量,完成了基岩区1:20万水系沉积物测量和1:20万重砂测量,1:5万淇县幅区域地质调查418 km²,1:1万鹤壁西山地质填图200 km²。

矿产资源勘查:截至2010年底,不完全统计发现石灰岩矿床(点)254处,其中已进行过勘探的石灰岩矿床31处,普查132处。非金属矿勘查主要在侵蚀基准面之上,矿产勘查程度与工作量投入,不同的矿种和不同的地方差别较大。如耐火黏土、水泥用灰岩、熔剂用灰岩、高岭土、地下水等勘查程度相对较高,而白云岩、建筑石料等,勘查程度相对较低或未有系统的勘查资料。

# 1.3 豫北地区石灰岩矿主要分布

豫北地区已发现的非金属矿产有16种,主要有石灰岩(熔剂灰岩、水泥灰岩、建筑石料)、白云岩、硫铁矿、耐火黏土、水泥配料黏土、铁矾土、砖瓦黏土、高岭土、陶瓷黏土等。其他有建筑用砂、大理石、方解石、水晶、石英砂岩、泥炭、磷等。有储量的矿种(含亚矿种)有耐火黏土、熔剂灰岩、水泥灰岩、水泥配料黏土、高岭土、硫铁矿、陶瓷黏土、铁矾土、白云岩等。石灰岩矿大多分布在沿太行山南坡及中低山区山前一带。

豫北地区石灰岩矿在本区分布非常广泛(见图1-1),主要分布于沿太行山区的济源市、博爱县、修武县、新乡市、安阳市、鹤壁市境内。

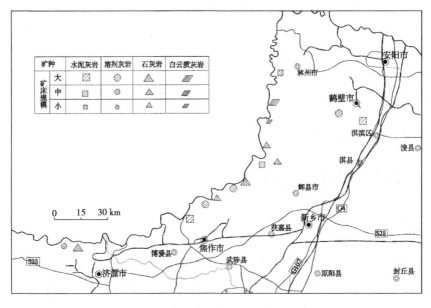

图1-1 豫北地区主要石灰岩分布图

主要含矿层位为奥陶系中统上马家沟组和峰峰组,其次为寒武系中统张夏组,已做过普查勘探工作的有行口、馒头山、交口、九里山、回头山水泥灰岩矿、王窑水泥灰岩矿、鹤壁市邪矿水泥灰岩矿、卫辉市豆义沟水泥灰岩矿、鹤壁市鹿楼水泥灰岩矿、王窑、冯营、洼村、台道、新庄沟、五家台、高岭等,累计探明资源储量92 556万t,境内预计远景储量可达50亿t以上。区内含矿层位稳定,分布广,厚度大,质量好,可作冶金、建材、化工、水泥原料等。

# 第2章　区域地质背景

## 2.1　区域地层

豫北地区位于华北地台的南部,具典型的华北地层特征。出露地层主要有太古界(Ar),中元古界汝阳群云梦山组($Pt_2y$),古生界寒武系($\in$)、奥陶系中统($O_2$)、石炭系中上统($C_{2+3}$)、二叠系(P),中生界三叠系(T),新生界古近系(E)、新近系(N)和第四系(Q),见表2-1。

表2-1　豫北地区区域地层简表

| 界 | 系 | 统 | 组 | 代号 | 厚度(m) | 岩性 |
|---|---|---|---|---|---|---|
| 新生界 | 第四系 | | | Q | 0～311.1 | 冲积、坡积、洪积层 |
| | 新近系 | | | N | 163.5～620.4 | 棕红、灰白色泥质砂岩、砂质泥岩互层,夹数层砾石、泥灰岩 |
| | 古近系 | | | E | 606～886.1 | 棕红、暗红色泥质砂岩,红棕色砂质泥岩互层 |
| 中生界 | 三叠系 | | | T | 702～286.0 | 灰绿色、紫红色泥岩、砂岩互层,夹砾石层 |
| 古生界 | 二叠系 | 上统 | 石千峰群 | $P_2sh$ | >656.3 | 上部粉红色砂岩,砂质泥岩,长石砂岩,长石石英砂岩;下部黄绿、紫红色砂岩,泥岩夹砂岩 |
| | | | 上石盒子组 | $P_2s$ | 427.7～617.1 | 黄绿色,少许紫红色砂质页岩夹砂岩、黏土岩、煤层及铁锰矿层 |
| | | 下统 | 下石盒子组 | $P_1x$ | 62～174 | 黄绿色砂岩、砂质页岩、黏土岩 |
| | | | 山西组 | $P_1s$ | 43～112.6 | 砂岩、砂质泥岩、薄层煤互层 |
| | 石炭系 | 上统 | 太原组 | $C_3t$ | 19.8～98.3 | 灰岩、燧石灰岩与页岩、砂岩及煤层交互组成 |
| | | 中统 | 本溪组 | $C_2b$ | 2.7～63 | 黏土岩、铝土质黏土岩、黏土矿、铝土矿、粉砂岩,下部山西式铁矿,顶部夹煤线 |

| 界 | 系 | 统 | 组 | 代号 | 厚度(m) | 岩性 |
|---|---|---|---|---|---|---|
| 古生界 | 奥陶系 | 中统 | 马家沟组 | $O_2m^{6-7}$ | 0～210.59 | 上部巨厚层状灰岩,下部角砾状泥灰夹生物碎屑灰岩 |
| | | | | $O_2m^{1-5}$ | 200～245 | 上部厚层状灰岩、厚层白云岩互层,中部厚层灰岩、花斑灰岩,下部薄层泥灰岩、厚层白云岩 |
| | | | | | 95.5～117.3 | 上部厚层白云岩,中部灰黑色厚层灰岩,下部角砾状泥灰岩,底部灰黄色泥灰岩 |
| | | 下统 | | $O_1$ | 38.5～166 | 结晶白云岩、含燧石结核条带白云岩,底部黄绿色页岩 |
| | 寒武系 | 上统 | 三山子组 | $\in_3 s$ | 105.3 | 巨厚层燧石条带及团块白云岩 |
| | | | 炒米店组 | $\in_3 c$ | 26.5 | 灰色中厚层条纹状白云岩 |
| | | | 固山组 | $\in_3 g$ | 20.9 | 黄绿色薄层泥质白云岩,灰色中厚层鲕状白云岩、白云岩 |
| | | 中统 | 张夏组 | $\in_2 z$ | 237.1 | 上部中厚层白云岩、鲕状白云岩,下部深灰色厚层灰岩、鲕状灰岩 |
| | | | 馒头组 | $\in_2 m$ | 32～105 | 中上部黄绿色页岩、厚层灰岩、泥质条带灰岩互层,下部紫色页岩、灰绿色海绿石长英砂岩 |
| | | | | | 61～92 | 上部灰岩、鲕状灰岩,中部灰绿—紫红色灰岩、页岩互层,下部砖红色页岩夹少许灰岩 |
| | | 下统 | 朱砂洞组 | $\in_1 z$ | 51～85 | 上部灰岩、泥质灰岩、页岩,下部泥灰岩夹灰质页岩及黑色透镜体燧石团块,底部为砾岩 |
| 元古界 | 长城系 | | 云梦山组 | $Pt_2 y$ | 22～175 | 浅紫—浅灰黄色中粗粒石英砂岩、夹紫红色页岩,顶部夹含钾页岩 |

# 2.2 区域地质构造

本区位于华北地台南部,包括山西台隆东南缘、华熊台缘坳陷北侧及华北坳陷中南部。

自太古界古陆形成后,古元古界中条山—济源三叉裂谷形成与闭合及其以后构造变动,先后经历了多期次构造运动和区域变质作用,形成了构造隆起与构造盆地相间的构造格局,即由西到东天台山北西向隆起、玉皇庙北西向构造盆地、双峰山北西向构造隆起、东西向克井构造盆地、沁阳隆起、辉县隆起、塔岗隆起。在太行山南缘总体构造线为东西向,太行山东麓狮豹头地区以北北东向为主。

构造的基本特征是基底构造复杂,以紧密线状褶皱为主,并遭受强烈的区域变质作用及混合岩化作用。盖层构造较简单,主要以断裂构造为主,褶皱次之。

## 2.2.1 褶皱构造

区内褶皱轴向以近南北向及近东西向为主,北西向次之。现将本区较明显褶皱叙述如下。

### 2.2.1.1 任村—上八里背斜

位于太行山东麓,北起林县任村,经合涧,南至辉县上八里一带。轴向 $10° \sim 15°$。微向北倾斜,长约 100 km。轴部附近被近南北向任村—西平罗断裂切割,轴部地层由太古界组成,两翼岩层倾角 $20° \sim 40°$。

### 2.2.1.2 卜居头向斜

位于安阳县卜居头、寨脑山一带。轴向近南北,长约 10 km。核部为中奥陶统上马家沟组。

### 2.2.1.3 清池背斜

位于安阳县清池一带。清池背斜、五里庙背斜和虎头寨背斜断续分布连成一线。轴向南北向,轴部由下马家沟组地层组成。

### 2.2.1.4 卧羊湾背斜

位于淇县西南部,北东起北四井,经卧羊湾,南西至井沟。轴向北东,长11 km。轴部为太古界地层。

### 2.2.1.5 小七岭复式背斜

位于济源县北部,小七岭、虎岭一带。轴向 310°。长约 25 km,宽约 10

km,向北西倾斜,轴部为太古界林山群。

#### 2.2.1.6 上官庄—虎岭向斜

位于济源县西部,西起邵原乡河西,东至虎岭。长约 20 km。轴向 280°～315°。核部地层为二叠系、侏罗系和白垩系。

#### 2.2.1.7 克井向斜

位于济源县北,西起玉皇庙,东至克井以东。长约 26 km,宽 8～10 km。核部地层为二叠系。轴向东西向。

#### 2.2.1.8 济源向斜

位于济源县西部,西起承留,东至孔山。长约 10 km。轴向近东西向。向斜核部被第四系覆盖,两翼为下第三系地层。

### 2.2.2 断裂构造

豫北地区断裂构造十分发育,纵横交错,以近东西向、北东向、北西向和近南北向四组为主(见表2-2),各主断裂互相干扰叠加。尤其是一系列的北东向断裂,使山前一带形成地堑、地垒式的下降,有的呈阶梯式下降,对石炭系地层的分布起着保护和破坏的双重作用。

#### 2.2.2.1 东西向断裂

东西向断裂规模较大。长几十千米至近百千米。以高角度正断层为主。规模较大的断层有盘古寺断裂带、天井洼—碾上村断层、上窑头断层、西山底—上冶断层、碾盘沟断层等。

#### 2.2.2.2 北东向断裂

北东向断裂在本区较发育,一般长 30 km 左右,但亦有规模较大的延伸近百千米。以角度正断层为主。主要有青羊口断层、西善应—化象正断层、白连坡—赵庄正断层、甲板剑—许河正断层、外窑—圪料返正断层、谷洞峪—朱岭正断层、常坪—小北岭正断层、汤阴—汲县隐伏断层等。

#### 2.2.2.3 北西向断裂

北西向断裂在本区亦发育,一般长 10～25 km,规模较大的长达 60 km。以高角度正断层为主。主要有卧羊湾断层、封门口正断层、小七岭断层、天台山正断层、崔家庄正断层、五指岭断层等。

#### 2.2.2.4 南北向断裂

南北向断裂在本区不太发育,除任村—西平罗断裂带规模较大外,其他规模均较小。以高角正断层为主。

表 2-2　主要断层表

| 组 | 断层名称 | 断层性质 | 断层面产状(°) | | 推测断距(m) | 延伸长度(km) |
|---|---|---|---|---|---|---|
| | | | 倾向 | 倾角 | | |
| 东西南 | 西形盆—水峪断层 | 平推 | 180 | 72～85 | 100 | 20 |
| | 天井洼—碾上村断层 | 正 | 180 | 72～86 | | 8 |
| | 庙口—漕汪水断层 | 平推 | 180 | 68～85 | 200 | 14 |
| | 碾盘沟断层 | 正 | 180 | 40～60 | 150 | 8 |
| | 南村—卧羊湾断层 | 正 | 180 | 60～83 | 400 | 29 |
| | 西底山—上冶断层 | 正 | 360 | 60～70 | 1 000 | 40 |
| | 西阳河断层 | 正 | 180 | 65 | 3 000 | 11 |
| | 上窑头断层 | 正 | 180 | 70～75 | 400 | 14 |
| | 盘古寺断裂带 | 正 | 180 | 50～70 | 1 000 | 70 |
| 北东向 | 人头山—清沙断层 | 正 | 133～310 | 65～75 | | 20 |
| | 砚花水—教场断层 | 正 | 125～310 | 64～80 | | 18 |
| | 西善应—化象断层 | 正 | 北西 | 70～80 | | 9 |
| | 汤阴—汲县隐伏断层 | 正 | 北西 | | | 150 |
| | 潘家荒断层 | 正 | 北西 | 68 | | 12 |
| | 天井洼—对寺密断层 | 正 | 北西 | 56～87 | | 22 |
| | 大张庄—方庄后断层 | 正 | 南东 | 50～85 | 15 | 6 |
| | 青羊口断层 | 正 | 南东 | 54 | 3 000 | 100 |
| | 白连坡—赵庄断层 | 正 | 北西 | 52～83 | 100 | 25 |
| | 外窑—圪料返断层 | 正 | 北西 | 60～80 | 70 | 20 |
| | 西小底断层 | 正 | 南东 | 85 | 250 | 14 |
| | 常坪—小北岭断层 | 正 | 北西 | 65～85 | 100 | 12 |

| 组 | 断层名称 | 断层性质 | 断层面产状(°) | | 推测断距（m） | 延伸长度（km） |
|---|---|---|---|---|---|---|
| | | | 倾向 | 倾角 | | |
| 北西向 | 关井山断层 | 正 | 南西 | 60～80 | 200 | 23 |
| | 天台山断层 | 正 | 北东 | 70～75 | 300 | 14 |
| | 小七岭断层 | 正 | 北东 | 70 | 500 | 25 |
| | 封门口断层 | 正 | 南西 | 40～75 | 2 000 | 42 |
| | 柿郎腰断层 | 正 | 230 | 50～85 | 100 | 8 |
| | 崔家庄断层 | 正 | 190～230 | 45～73 | 300 | 22 |
| | 五指岭断层 | 平推 | 南西 | 80 | 5 000 | 60 |
| 南北向 | 任村—西平罗断层 | 正 | 90 | 65～70 | 500 | 80 |
| | 北郊脑—东马安断层 | 正 | 100 | 80 | | 18 |

# 2.3 区域水文地质条件

## 2.3.1 地下水含水岩组的划分及富水性

地下水主要赋存于松散岩类孔隙和基岩裂隙中,其储水、导水性能主要和地层、岩性、构造条件有关,其补给条件除与上述条件有关外,还与气象、水文、地貌、包气带岩性等因素有关。地层、岩性是地下水赋存的基础,地质构造是控制地下水埋藏、分布、运移的主导因素,地貌、气象、水文是影响地下水补给、径流和排泄的重要条件。

根据地下水赋存的空间条件及含水层的特性,划分为松散岩类孔隙含水岩组、碳酸盐岩裂隙岩溶含水岩组和基岩裂隙含水岩组三个含水岩组。

### 2.3.1.1 松散岩类孔隙含水岩组

松散岩类孔隙含水岩组分布于太行山山前倾斜平原,沁河、黄河冲积平原一带。山前倾斜平原含水层以卵砾石为主,顶板埋深 20～40 m,南部沁河、黄河冲积平原以中细砂、细砂为主。根据含水层组分布规律、埋藏条件和水力性质,分为浅层(60 m)深度以内,包括潜水和半承压水、中深层水(均为承压水)。

### 2.3.1.2　碳酸盐岩裂隙岩溶含水岩组

碳酸盐岩裂隙岩溶含水岩组分布在沿太行山的山丘地区。岩性主要为石炭系、奥陶系、寒武系灰岩及白云岩,在强烈的构造作用影响下,裂隙岩溶发育,但不均匀,水位埋深随地形起伏及构造部位不同而变化较大。

### 2.3.1.3　基岩裂隙含水岩组

基岩裂隙含水岩组主要分布在沿太行山基岩山区,组成岩性为古近系砂岩、砾岩及页岩、泥岩层的孔隙裂隙水,山区岩层直接裸露地表,成岩作用较好,富水性较差,但在构造作用下,局部裂隙发育,加之地形有利条件,亦能形成富水段。

## 2.3.2　地下水的补、径、排条件

### 2.3.2.1　孔隙水

孔隙水主要为大气降水补给和渠道渗漏补给以及越流补给。

孔隙水的径流在冲积扇的中上部到前缘,随着岩性由粗到细,径流条件由好到差,径流方向大致北西向东南流动,在冲积平原受地貌影响一般由西向东流动。

孔隙水在天然状态下,主要以泉、潜水蒸发和侧向径流排泄为主。目前的排泄方式有人工开采、泉、潜水蒸发和侧向径流,随着工农业的发展,对地下水开采强度的逐步增大,在集中开采地段已形成众多降落漏斗,部分降落漏斗达几千米。

### 2.3.2.2　岩溶水

岩溶水的补给主要接受大气降水和地表水流渗漏补给。区内岩溶水补给范围广泛分布于太行山区,大面积灰岩裸露,岩溶、裂隙十分发育,为大气降水补给提供了良好的通道,间歇性河流经构造发育区时,很快全部漏失补给下部岩溶水。

岩溶地下水接受大气降水等补给后,沿断层破碎带、溶洞、裂隙向山前运移,不断汇集,从而形成了凤凰岭断层、青羊口断层、朱村断层、九里山断层等岩溶水的极强径流带。

# 第3章　豫北地区石灰岩矿主要类型及成矿规律

## 3.1　石灰岩的基本概念及分类

石灰岩是主要由方解石组成的碳酸盐岩,简称灰岩。古代石灰岩则是由低镁方解石组成。石灰岩成分中经常混入有白云石、石膏、菱镁矿、黄铁矿、蛋白石、玉髓、石英、海绿石、萤石、磷酸盐矿物等。此外,还常含有黏土、石英碎屑、长石碎屑和其他重矿物碎屑。现代碳酸钙沉积物由文石、高镁方解石组成。

石灰岩的分类主要有两种:一种是化学成分的分类,多被化工等部门采用;另一种是结构多级分类,多被地质、石油等部门采用。

20世纪50年代末至60年代初提出的石灰岩结构分类主要有:①福克分类。该分类根据异化颗粒、泥晶基质、亮晶胶结物三部分组成,将石灰岩划分为淀晶粒屑灰岩、泥晶粒屑灰岩和以泥晶方解石为主的正常化学灰岩。此外还划分出原地礁灰岩和重结晶灰岩。②顿哈姆的结构分类。是以颗粒和泥晶(或灰泥)为组分的分类。将石灰岩分为4类,即颗粒岩、泥质颗粒岩、颗粒质泥岩、泥岩。③中国学者的结构成因分类方案。

## 3.2　石灰岩矿主要类型

石灰岩是地壳中分布最广的矿产之一。按其沉积地区,石灰岩又分为海相沉积和陆相沉积,以前者居多;按其成因,石灰岩可分为生物沉积、化学沉积和次生三种类型;按矿石中所含成分不同,石灰岩可分为硅质石灰岩、黏土质石灰岩和白云质石灰岩三种。中国石灰岩矿产资源十分丰富,作为水泥、溶剂和化工用的石灰岩矿床已达800余处,产地遍布全国,各省(区、市)均可在工业区附近就地取材。

石灰岩矿产在每个地质时代都有沉积,各个地质构造发展阶段都有分布,但质量好、规模大的石灰岩矿床往往赋存于一定的层位中。以水泥用石灰岩为例,东北、华北地区的中奥陶系马家沟组石灰岩是极其重要的层位,中南、华东、西南地区多用石炭、二叠、三叠系石灰岩,西北、西藏地区一般多用志留、泥盆系石灰岩,华东、西北及长江中下游的奥陶系石灰岩也是水泥原料的重要层位。

石灰岩是海相潟湖相的沉积岩,通常呈灰色、黑色,隐晶质结构致密块状构造,呈层状、厚层状。主要矿物成分为方解石,其次为白云石,还常见有黏土、石英、长石、海绿石、铁的氧化物等,有的有生物遗体。化学成分以 CaO 为主,一般在 45% ~ 55%,如"杭灰"大理石 CaO 为 55%;次为 $MgO$、$SiO_2$、$Al_2O_3$,但都很少(化学分析中烧失量可达 35% ~ 50%)。根据其成分、结构构造、形成机制、所含杂质的不同,可分为化学石灰岩(常称的石灰岩)、生物石灰岩、鲕状石灰岩、碎屑石灰岩等。石灰岩按成因可划分为粒屑石灰岩(流水搬运、沉积形成)、生物骨架石灰岩和化学、生物化学石灰岩。按结构构造可细分为竹叶状灰岩、鲕粒状灰岩、豹皮灰岩、团块状灰岩等。石灰岩的主要化学成分是 $CaCO_3$,易溶蚀,故在石灰岩地区多形成石林和溶洞,称为喀斯特地形。石灰岩是烧制石灰和水泥的主要原料,是炼铁和炼钢的熔剂。由生物化学作用生成的石灰岩,常含有丰富的有机物残骸。石灰岩中一般都含有一些白云石和黏土矿物,当黏土矿物含量达 25% ~ 50% 时,称为泥质灰岩。白云石含量达 25% ~ 50% 时,称为白云质灰岩。石灰岩分布相当广泛,岩性均一,易于开采加工,是一种用途很广的建筑石料,石灰岩地区是指基岩由石灰岩构成,也称岩溶地区或喀斯特地区。在我国贵州、广西、云南分布相当广泛。在广东,石灰岩主要分布在粤北地区。由于石灰岩区域发育的土壤土层浅薄,蓄水能力弱,因而环境比较干燥,生长在其上的植物大多具耐旱的特性,并以喜钙植物为特征,形成了石灰岩植被中特有的钙成分较高的特点。石灰岩植被历来受到植物学家的高度关注。

石灰岩的形成方式是:湖海中所沉积的碳酸钙,在失去水分以后,紧压胶结起来而形成。石灰岩的矿物成分主要是方解石(占 50% 以上),还有一些黏土、粉砂等杂质。绝大多数石灰岩的形成与生物作用有关,生物遗体堆积而成的石灰岩有珊瑚石灰岩、介壳石灰岩、藻类石灰岩等,总称生物石灰岩。由水溶液中的碳酸钙($CaCO_3$)经化学沉淀而成的石灰岩,称为化学石灰岩,如普通石灰岩、硅质石灰岩等。纯净的石灰岩呈灰、灰白等浅色,而含有机质多的石灰岩呈灰黑色。除含硅质的灰岩外,灰岩的硬度不大,性脆,与稀盐酸起作用会激烈起泡。我国石灰岩分布极广。石灰岩具有很大的经济意义,石灰岩易溶蚀,在石灰岩发育地区常形成石林、溶洞等优美风景。质纯者为冶金方面的必要熔剂和水泥工业的必要原料,也是烧石灰的主要原料,还广泛用于陶瓷、玻璃、印刷、制碱工业上。

石灰岩主要类型分述如下：

（1）颗粒灰岩。由颗粒组分形成的石灰岩。大部分颗粒组分,如内碎屑、骨屑、鲕粒以及部分团粒和团块都是明显经过水流搬运作用形成的,但是一部分团粒、团块的形成并没有水流作用。因此,有人主张用异化粒表示此类石灰岩。通常按颗粒直径 2 mm 界限值分为细颗粒灰岩和粗颗粒灰岩。细颗粒灰岩主要由碳酸钙砂屑组成。又可按颗粒类型分为砂屑灰岩、鲕粒灰岩、团粒灰岩、团块灰岩。砂屑灰岩和鲕粒灰岩通常由亮晶胶结,主要堆积于高能环境,如波浪和水流作用很强的开阔滨浅海陆棚区的砂嘴、砂坝、浅滩以及潮汐通道等沉积单元。粗颗粒灰岩主要由准同生碳酸钙砾石组成。典型的粗颗粒灰岩是砾石磨圆程度好、有氧化圈的竹叶状灰岩,产出于高能氧化的滨浅海环境。

（2）泥晶灰岩。由无黏结作用的极细粒泥状碳酸钙组成的石灰岩。按成因包括泥屑灰岩和钙质极细粒灰岩。前者指水流沉积的灰泥,是一种碳酸盐颗粒磨蚀到最细的产物;后者是指从水体中化学沉淀出来的细晶(泥晶)沉淀物。这两种石灰岩,在实际工作中鉴定上存在很大困难,所以泥晶灰岩一词通常泛指极细粒石灰岩,而不考虑它们的成因。它们都属于静水和低能带环境的产物。

（3）叠层灰岩。主要由分泌黏液的藻类(蓝、绿藻),通过分泌碳酸钙,沉淀和捕集、黏结碳酸盐颗粒物质形成的岩石。因为它不是靠石化钙藻形成的,所以又称隐藻黏结灰岩。根据隐藻黏结作用的组构特征,将其分为层纹灰岩和叠层灰岩。层纹灰岩为明显水平隐藻纹层构造的黏结石灰岩。隐藻纹层是富含藻类有机质纹层和贫藻类的碳酸盐沉积纹层组成的双纹层构造。这种石灰岩主要产出于潮上和潮间低能环境。叠层灰岩是由向上穹起的隐藻纹层构造的黏结石灰岩。藻类作用成因的显微结构证据有藻类丝状体、藻细胞、藻类生长物形成的扇状或放射状微晶构造束以及藻类腐解留下的空洞(海绵状构造、层状晶洞)。

（4）凝块灰岩。无隐藻纹层的凝块状石灰岩。隐藻凝块体虽无内部纹层,但是具有叠层石的宏观外貌和类似向上生长的构造。与叠层灰岩相比,表面粗糙而欠光滑,常呈疙瘩状、皱纹状或麻点状。凝块的内部显微组构为不均匀云雾状和海绵状,其中常含 1 cm 大小微晶方解石,并含少量碎屑颗粒和偶尔显不清楚的同心纹层。凝块之间具有亮晶方解石、粉砂级和砂级方解石沉积物充填。有时在凝块中有少量钙藻(葛万藻、附枝藻)微细丝状体。凝块灰岩的产出环境比较宽广,从潮间带至较深的潮下带。

（5）障积灰岩。指海底含有原地带根茎的生物(钙藻、海百合、层孔虫、苔藓虫），通过自身的阻挡作用将携入的碳酸钙泥晶堆积而成。组成障积灰岩的基本物质是灰泥—泥晶方解石。障积灰岩岩体通常呈丘状，故又称灰泥丘或生物丘。丘体内部常见层状晶洞构造和有根茎的生物化石。

（6）骨架灰岩，又称生物礁灰岩。这是一种造骨架的碳酸盐生物构筑体。骨架将碳酸岩沉积物粘在一起，形成固定在海底上的坚硬的具有抗浪性的碳酸盐岩礁。造骨架的生物有珊瑚、石枝藻、层孔虫、窗格状的苔藓虫和厚壳蛤类等，并形成不同的生物骨架灰岩。古代的骨架灰岩随着地质历史和生物演化而变化。每一个时期都有它特有的组合：寒武纪以钙藻为主；中—晚奥陶世以苔藓虫、层孔虫、板状珊瑚为主；志留纪和泥盆纪以层孔虫、板状珊瑚为主；晚三叠世和晚侏罗世以珊瑚、层孔虫为主；晚白垩世以厚壳蛤类为主；渐新世、上新世和更新世以六射珊瑚为主。骨架灰岩通常在海底形成一个隆起，超出于同期沉积物。隆起块体有点礁、礁丘、环礁、层状礁等，其形态和规模取决于海水深度、温度、地形、盆地的升降速度及海进海退变化等。

（7）豹皮灰岩，是一种具黄色、红褐色不规则斑状的石灰岩。貌似豹皮，故名。基质为隐晶或微晶方解石，斑纹主要为白云石。一般认为它是由白云化作用而成。中国寒武、奥陶系地层中常见。

（8）燧石灰岩。含有深灰色或黑色燧石结核或条带，这种燧石可以是成岩期的，也可以是同生期的。中国震旦亚界常见。

（9）白垩，是一种细粒、白色、疏松多孔、易碎的石灰岩，质极纯，其 $CaCO_3$ 含量 $>97\%$，矿物成分主要为低镁方解石，可含少量黏土矿物及细粒石英碎屑，生物组分主要是颗石藻（$2\sim25~\mu m$）和少量钙球。白垩生成于温暖海洋环境，其沉积深度从几十米到几百米。

（10）结晶灰岩。泛指由结晶方解石或重结晶方解石组成的石灰岩。大部分结晶灰岩都是原生石灰岩经成岩重结晶作用改变了原生颗粒组分和生物黏结组分而形成的。因此，大部分结晶灰岩就是重结晶灰岩。重结晶灰岩可以不同程度地保留变余的原始结构特征。结晶灰岩也有原生的，如大陆地表泉水、岩洞或河水由蒸发作用形成的石灰华和泉华。石灰华是一种致密的带状钙质沉淀物，通常呈不规则块状构造的钟乳石和石笋，发育有从溶液中依次沉淀的方解石或文石晶体所组成的皮壳状纹层，多产出于石灰岩洞穴表面。钙泉华专指地表上海绵状多孔疏松的方解石或文石晶体沉淀物，多呈树枝状、放射状或半球状等构造特征，内部常保留有植物茎、叶的痕迹，产出于温泉、裂隙水出露的地表。

（11）钙结岩。一种发育于干旱或半干旱地区土壤和细砂中的富石灰质沉积物,呈同心环带的似枕状体。显微镜下观察,可见由方解石组成的同心豆状和小结核。同心环充满收缩裂缝和溶蚀状态的碎屑石英和长石。钙结岩是沿毛细管上升的含灰质的水,经蒸发作用沉淀形成的。溶蚀状的石英和长石颗粒代表不同程度被钙质交代作用造成的。

# 3.3 石灰岩矿的结构分类

石灰岩主要是在浅海的环境下形成的。石灰岩按成因可划分为粒屑石灰岩(流水搬运、沉积形成),生物骨架石灰岩和化学、生物化学石灰岩。按结构构造可细分为竹叶状灰岩、鲕粒状灰岩、豹皮灰岩、团块状灰岩等(见表3-1、表3-2)。

表 3-1 石灰岩的结构分类

| 石灰泥类型 | | 灰泥颗粒(%) | 颗粒 | | | | | 晶粒 | 生物格架 |
| --- | --- | --- | --- | --- | --- | --- | --- | --- | --- |
| | | | 内碎屑 | 生物颗粒 | 鲕粒 | 球粒 | 藻粒 | | |
| Ⅰ 颗粒—灰泥石灰岩 | Ⅰ(1) 颗粒石灰岩 | Ⅰ(2) 颗粒石灰岩 | 内碎屑石灰岩 | 生粒石灰岩 | 鲕粒石灰岩 | 球粒石灰岩 | 藻粒石灰岩 | Ⅱ 晶粒石灰岩 | Ⅲ 生物格架石灰岩 |
| | | 含灰泥颗粒石灰岩 10—90 | 含灰泥内碎屑石灰岩 | 含灰泥生粒石灰岩 | 含灰泥鲕粒石灰岩 | 含灰泥球粒石灰岩 | 含灰泥藻粒石灰岩 | | |
| | | 含灰泥颗粒石灰岩 25—75 | 灰泥质内碎屑石灰岩 | 灰泥质生粒石灰岩 | 灰泥质鲕粒石灰岩 | 灰泥质球粒石灰岩 | 灰泥质藻粒石灰岩 | | |
| | 颗粒质灰泥石灰岩 | 颗粒质灰泥石灰岩 50—50 | 内碎屑质灰泥石灰岩 | 生粒质灰泥石灰岩 | 鲕粒质灰泥石灰岩 | 球粒质灰泥石灰岩 | 藻粒质灰泥石灰岩 | | |
| | 含颗粒石灰岩 | 含颗粒灰泥石灰岩 75—25 | 含内碎屑灰泥石灰岩 | 含生粒灰泥石灰岩 | 含鲕粒灰泥石灰岩 | 含球粒灰泥石灰岩 | 含藻粒灰泥石灰岩 | | |
| | 无颗粒石灰岩 | 灰泥石灰岩 90—10 | 灰泥石灰岩 | 灰泥石灰岩 | 灰泥石灰岩 | 灰泥石灰岩 | 灰泥石灰岩 | | |

表 3-2　石灰岩与黏土岩的过渡类型及划分

| 岩石 | 岩石类型 | 方解石(%) | 黏土矿物(%) |
|------|----------|-----------|-------------|
| 石灰岩 | 纯石灰岩 | 100～95 | 0～5 |
| | 含泥的石灰岩 | 95～75 | 5～25 |
| | 泥质石灰岩 | 75～50 | 25～50 |
| 黏土岩 | 灰质黏土岩 | 50～25 | 50～75 |
| | 含灰的黏土岩 | 25～5 | 75～95 |
| | 纯黏土岩 | 5～0 | 95～100 |

# 3.4　石灰岩矿的矿物特征

石灰岩是主要由方解石矿物组成的碳酸盐岩,通常作矿物原料,商品名称为石灰石。在建筑、冶金、化工、轻工、食品、石油、农业等诸多领域中,具有广泛的用途,是水泥工业的重要原料。水泥是一种应用广、用量大的现代建筑材料,在国民经济建设中具有重要地位。在《中华人民共和国矿产资源法实施细则》矿产资源分类细目中,用作水泥原料的石灰岩矿及大理岩矿,均单列矿种。

石灰岩呈灰或灰白色,性脆,硬度不大,小刀能刻动,密度一般为 2.6～2.7 t/m³,抗压强度垂直层理方向一般 60～140 MPa,平行层理方向一般 50～120 MPa,松散系数一般 1.5～1.6。矿物成分以方解石为主。方解石[$CaCO_3$]的理论化学成分:CaO 56.04%、$CO_2$ 43.96%,属三方晶系,常呈复三方偏三角面体及菱面体结晶,集合体呈晶簇、粒状、钟乳状、鲕状或致密状,无色或白色,玻璃光泽,硬度 3,密度 2.6～2.8 t/m³,遇稀盐酸剧烈起泡。石灰岩中常混有白云石和黏土物质等杂质,使矿石质量降低。

石灰岩的结构分为粒屑、生物骨架、晶粒及残余结构 4 种。粒屑结构与波浪和流水的搬运、沉积作用有关,由颗粒、泥晶基质、亮晶胶结物、孔隙四部分组成,颗粒分为内碎屑、生物碎屑、包粒、球粒及团块等多种,颗粒大小具有指相意义;生物骨架结构为生物礁石灰岩所特有,由原地固着生长的群体造礁生物组成;晶粒结构见于化学及生物化学沉淀的石灰岩及重结晶的石灰岩中;残余结构是经重结晶或其他成岩后生作用,改造了原来结构使其变得模糊不清。石灰岩的构造类型很多,常见沉积岩的各种层理和层面构造以及缝合线、豹皮状、蠕虫状、竹叶状、纹层状、花斑状、叠层状等构造。

石灰岩可按化学成分、矿物成分或结构进行分类,按结构分类较适合于石油地质工作,按矿物成分分类可能因标本切片位置选择而存在缺陷。在水泥石灰岩地质工作中多采用按化学成分进行分类(见表3-3)。

表3-3　石灰岩的分类　　　　　　　　　　　　　　(%)

| 岩石名称 | 按矿物成分百分含量分类 | | | 按化学成分百分含量分类 | | |
|---|---|---|---|---|---|---|
| | 方解石 | 白云石 | 黏土矿物 | CaO | MgO | $Al_2O_3$ |
| 石灰岩 | 100~90 | 0~10 | | 56~53.4 | 0~2.17 | |
| | 100~90 | | 0~10 | | | |
| 含云石灰岩 | 90~75 | 10~25 | | 53.4~49.6 | 2.17~5.43 | |
| 白云质石灰岩 | 75~50 | 25~50 | | 49.6~43.2 | 5.43~10.85 | |
| 含泥石灰岩 | 90~75 | | 10~25 | 53.4~49.6 | | 3.95~9.88 |
| 泥灰岩 | 75~50 | | 25~50 | 49.6~43.2 | | 9.88~19.75 |
| 含泥含云石灰岩 | 75~50 | 10~25 | 10~25 | 49.6~43.2 | 2.17~5.43 | 3.95~9.83 |
| 含云泥石灰岩 | 75~50 | 10~25 | 25~50 | 49.6~43.2 | 2.17~5.43 | 9.88~19.75 |
| 含泥云石灰岩 | 75~50 | 25~50 | 10~25 | 49.6~43.2 | 5.43~10.85 | 3.95~9.88 |

石灰岩矿的矿石类型很多,矿石类型与岩石类型是相互联系的。石灰岩矿石类型主要有以下几种。

(1)竹叶状石灰岩。广泛发育于华北地区中上寒武统、中下奥陶统中,是一种典型的砾屑灰岩。这种岩石是产于潮上带或潮间带的微晶灰泥沉积物发生干裂后,经潮水冲刷磨蚀再沉积而成的。呈灰、灰黑色,泥—亮晶砾屑结构,中—薄层状构造。砾屑呈扁平状,平行或微斜交层面排列,截面似竹叶状,"竹叶"大小不一,直径数毫米至数厘米的都有。砾屑成分为亮晶团粒、粉晶、生物碎屑、鲕粒石灰岩等,具良好的磨圆度,但分选不佳。矿物成分中方解石含量大于90%,白云石含量5%~10%。

(2)鲕粒石灰岩。广泛发育于华北地区中上寒武统中,形成于温暖浅水、搅动剧烈、强烈蒸发的环境,常产于碳酸盐台地边缘浅滩及潮汐沙坝或潮汐三角洲地区。呈灰—深灰色,鲕粒结构,厚层块状构造。鲕粒呈圆形、椭圆形,直径0.1~0.2 mm,亮晶、泥晶胶结。矿物成分中方解石含量75%~99%,白云石含量1%~25%。

（3）生物碎屑石灰岩。广泛发育于南方地区的石炭、二叠系中，为大陆架浅水、正常盐度和清水环境的产物。呈灰—灰褐色，生物碎屑结构，厚层状构造。生物碎屑含量 40% ~90% ,常见有孔虫、腕足类、介形虫、珊瑚虫、藻类、腹足类、苔藓虫等生物化石，泥晶、亮晶胶结都有。矿物成分以方解石为主，偶含石英等。

（4）泥晶石灰岩。是水动力条件很弱或静水环境产物，一般形成于潮下低能带，在各个石灰岩层位中都有产出。岩石颜色较杂，以灰—灰黑色为主，泥晶结构，致密块状构造。矿物成分主要由小于 0.01 mm 的泥晶方解石组成，含量在 90% 以上，零星可见生物碎片。

（5）叠层石石灰岩。广泛分布于北方地区震旦系中，南方地区的二叠系、三叠系中也很常见，多产于潮上—潮间带。呈浅灰、浅黄色，泥晶—粉晶结构。矿物成分主要为方解石，含少量白云石、玉髓及海绿石等。

（6）白云石化石灰岩。包括通常所谓"豹皮灰岩"或"花斑灰岩"等。一般形成于潮间带或潟湖和海湾中。呈灰—深灰色，花斑状构造，泥晶结晶或不等粒镶嵌结构。矿物成分中方解石含量 80% ~85% ,白云石含量 4% ~20% ,有的白云石局部富集，色调不均，呈现豹皮状花纹或花斑，有时含有泥质与铁质。

# 3.5　石灰岩矿的成因

石灰岩主要是在浅海的环境下形成的。其主要化学成分是 $CaCO_3$ ,易溶蚀，故在石灰岩地区多形成石林和溶洞，称为喀斯特地形。有生物化学作用生成的石灰岩，常含有丰富的有机物残骸。石灰岩中一般都含有一些白云石和黏土矿物，当黏土矿物含量达 25% ~50% 时，称为泥质灰岩。白云石含量达 25% ~50% 时，称为白云质灰岩。石灰岩结构较为复杂，有碎屑结构和晶粒结构两种。碎屑结构多由颗粒、泥晶基质和亮晶胶结物构成。颗粒又称粒屑，主要有内碎屑、生物碎屑和鲕粒等，泥晶基质是由碳酸钙细屑或晶体组成的灰泥，质点大多小于 0.05 mm ,亮晶胶结物是充填于岩石颗粒之间孔隙中的化学沉淀物，是直径大于 0.01 mm 的方解石晶体颗粒；晶粒结构是由化学及生物化学作用沉淀而成的晶体颗粒。

石灰岩根据其成分、结构构造、形成机制、所含杂质的不同，可分为化学石灰岩（常称的石灰岩）、生物石灰岩、鲕状石灰岩、碎屑石灰岩等。其形成方式是：湖海中所沉积的碳酸钙，在失去水分以后，紧压胶结起来而形成的。石灰岩的矿物成分主要是方解石（占 50% 以上），还有一些黏土、粉砂等杂质。绝大多数石灰岩的形成与生物作用有关,生物遗体堆积而成的石灰岩有珊瑚石灰岩、介壳石灰岩、藻类石灰岩等,总称生物石灰岩。由水溶液中的碳酸钙($CaCO_3$)经化学沉淀而成的石灰岩,称为化学石灰岩。如普通石灰岩、硅质石灰岩等。纯净的石灰岩呈灰、灰白等浅色,而含有机质多的石灰岩呈灰黑色。

从矿床地质特征看:

(1)岩石组合为灰岩、灰质白云岩、泥灰岩、白云岩等,说明其形成时以化学沉积作用为主,形成于浅海—滨海环境。

(2)岩石主要为微晶结构和水平层理构造,反映了水动力条件相对稳定,能量较小。

(3)岩石中仅见有直管藻类叠层石、瓣鳃类及极少数的角石等化石,显示了沉积环境的相对闭塞和生物沉积作用。

(4)矿体中三个泥质夹石层的存在,说明在整个海侵过程中有三个次一级的沉积旋回。

# 3.6 石灰岩矿的结构

石灰岩结构较为复杂,有碎屑结构和晶粒结构两种。碎屑结构多由颗粒、泥晶基质和亮晶胶结物构成。颗粒又称粒屑,主要有内碎屑、生物碎屑和鲕粒等,泥晶基质是由碳酸钙细屑或晶体组成的灰泥,质点大多小于0.05 mm,亮晶胶结物是充填于岩石颗粒之间孔隙中的化学沉淀物,是直径大于0.01 mm的方解石晶体颗粒;晶粒结构是由化学及生物化学作用沉淀而成的晶体颗粒。

# 3.7 石灰岩矿的构造

石灰岩矿构造十分多样,碎屑岩中的构造几乎都可以出现在碳酸盐岩中。此外,碳酸盐岩还常有一些自己独有的构造类型,如叠层石、鸟眼构造、示顶底构造、缝合线构造、虫孔和虫迹构造等。

(1)叠层石构造:又称亮层,藻类组分含量少,有机质少,故色浅。这两种基本纹层交互叠置,即成叠层石构造(见照片3-1)。

(2)鸟眼构造:在泥晶或粉晶石灰岩或白云岩中,常见有一种毫米级大小的、多呈现定向排列的、多为方解石或硬石膏充填或半充填的孔隙,因其形状似鸟眼,故称鸟眼构造。

(3)虫孔和虫迹构造:是指生物在尚未固结的沉积物表面上爬行的痕迹

（见图 3-1）。

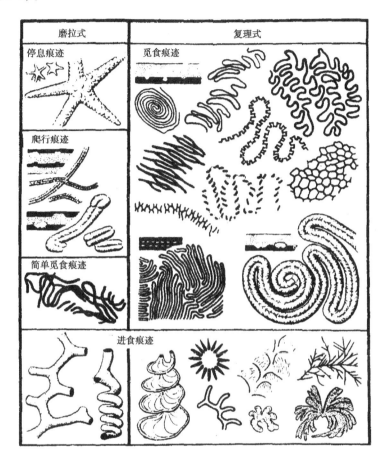

| 磨拉式 | 复理式 |
|---|---|
| 停息痕迹 | 觅食痕迹 |
| 爬行痕迹 | |
| 简单觅食痕迹 | |
| | 进食痕迹 |

**图 3-1　痕迹化石的基本类型及其在复理式和磨拉式沉积中的产状**

（据裴蒂庄等，1972）

# 3.8　成矿空间分布规律

　　石灰岩是地壳中分布最广的矿产之一。按其沉积地区,石灰岩又分为海相沉积和陆相沉积,目前以前者居多。按其成因,石灰岩可分为生物沉积、化学沉积和次生三种类型;按矿石中所含成分不同,石灰岩可分为硅质石灰岩、黏土质石灰岩和白云质石灰岩三种。石灰岩矿产在每个地质时代都有沉积,各个地质构造发展阶段都有分布,但质量好、规模大的石灰岩矿床往往赋存于一定的层位中。以水泥用石灰岩为例,东北、华北地区的中奥陶系马家沟组石灰岩是极其重要的层位,中南、华东、西南地区多用石炭、二叠、三叠系石灰岩,西北、西藏地区一般多用志留、泥盆系石灰岩,华东、西北及长江中下游的奥陶系石灰岩也是水泥原料的重要层位。

## 3.8.1 石灰岩矿赋矿层位

豫北地区石灰岩矿区地层较为简单,主要为奥陶系中统($O_2$),次为下统($O_1$),也有少量新近系分布,第四系主要分布在沟谷中或山坡凹地。

奥陶系中统($O_2$):分为下马家沟组和上马家沟组,以下马家沟组地层为主。

下马家沟组分为上、下两段,矿体即赋存于上段,是石灰岩矿区的主要出露地层,与下伏奥陶系下统呈整合接触,平均厚度93.5 m。

## 3.8.2 石灰岩矿含矿岩系地质特征

豫北地区石灰岩矿区沉积层序、岩石组合如下。

张夏组,厚208.1 m,剖面位置:济源羊羬山。

上覆地层:崮山组黄绿色、灰黄色泥质条带状白云岩。

——————————整合接触——————————

上段,厚128.1 m。

(5)灰—深灰色巨厚层状鲕状白云岩、灰质白云岩。厚20.8 m。

(4)灰—浅灰色厚层状鲕状白云岩。厚15.6 m。

(3)浅灰色中厚—厚层状鲕状白云质灰岩,白云石化发育。厚91.7 m。

下段,厚80.0 m。

(2)深灰色薄—中层状泥质条带状鲕状灰岩。厚75.7 m。

(1)灰绿色页岩夹薄层状灰岩,中上部夹一层生物碎屑灰岩。厚4.3 m。

——————————整合接触——————————

下伏地层:徐庄组豆状灰岩。

下古生界寒武系上统。

剖面位置:济源葛家庄。

上覆地层:奥陶系中统砂砾岩。

·········平行不整合接触·········

凤山组,厚142.4 m。

17.灰—灰白色厚层状含泥质条带白云岩,局部含少许燧石。厚3.6 m。

16. 灰—灰黑色厚层状白云岩夹生物碎屑白云岩,含化石。厚6.7 m。

15. 紫黑灰色硅质岩。厚1.3 m。

14. 灰色厚层状含砂白云岩,上部产化石。厚12.1 m。

13. 微紫灰色薄—厚层状含铁白云岩,局部为巨厚层状。厚25.7 m。

12. 灰色薄—中层状含泥质白云岩,含化石。厚19.3 m。

11. 灰色薄层状含泥质条带白云岩,含化石。厚9.2 m。

10. 灰色厚—巨厚层状白云岩。厚20.4 m。

9. 灰色厚层状燧石团块白云岩,局部呈条带状,燧石含量可达30%。厚1.4 m。

8. 灰色厚—巨厚层状白云岩,局部含少许燧石团块。厚32.5 m。

7. 灰色厚层状燧石团块白云岩。厚10.2 m。

——————————整合接触——————————

长山组,厚18.0 m。

6. 灰—灰黄色薄—中层状泥质白云岩与灰黑色中—厚层状细—粗粒白云岩组成的四个沉积韵律,由下向上泥质白云岩厚度减薄,泥质含量减少,底部为薄层状泥质页岩,局部见灰黑色薄层状硅质页岩,产化石。厚18.0 m。

——————————整合接触——————————

崮山组,厚67.5 m。

5. 灰白色厚—巨厚层状糖粒状白云岩。厚7.9 m。

4. 灰—灰黑色中—厚层状白云岩。厚36.4 m。

3. 灰黄色薄层状泥质白云岩与白云质灰岩互层夹灰黑色糖粒状白云岩。厚2.0 m。

2. 灰黑色中—厚层状白云岩。厚20.2 m。

1. 灰黄色泥质条带白云岩。厚1.0 m。

——————————整合接触——————————

下伏地层:张夏组上段灰黑色巨厚层状鲕状白云岩。

下古生界奥陶系中统。

下古生界奥陶系中统上马家沟组,剖面位置:济源莲东北至南庄。

上覆地层:下古生界石炭系中统本溪组铁铝岩。

············平行不整合接触············

第三段,厚81.7 m。

15. 由薄—中层状泥质白云岩、灰黑色厚层状白云岩、灰质白云岩、白云质灰岩组成数个韵律层沉积,以白云岩为主。厚17.1 m。

14. 深灰色厚层状白云质灰岩夹黑色白云岩。厚 6.3 m。

13. 灰黑色厚层状白云岩。厚 13.3 m。

12. 由薄—中层状泥质灰岩、厚层状灰岩、白云质灰岩、白云岩组成数个韵律性沉积。以白云质灰岩为主。厚 33.3 m。

11. 中—厚层状白云质灰岩夹薄—中层状泥质灰岩、薄层状灰岩。厚 11.7 m。

第二段,厚 116.7 m。

10. 灰黑色厚层状灰质白云岩夹少许白云质灰岩,局部含少许泥质。厚 22.6 m。

9. 灰黑色中厚—厚层状含燧石团块灰岩,燧石呈不均匀状分布,上部产化石。厚 94.1 m。

第一段,厚 64.6 m。

8. 厚层状灰质白云岩、中层状白云质灰岩,薄—中层状灰岩互层。普遍含少许泥质。厚 33.3 m。

7. 灰黑—灰绿色钙质页岩与中—厚层状含泥质白云质灰岩互层,由下向上页岩、泥质减少,白云质增多。厚 31.3 m。

————————整合接触————————

下伏地层:奥陶系中统下马家沟组灰黑色中厚—厚层状灰岩。

下古生界奥陶系中统下马家沟组,剖面位置:济源莲东北至南庄。

下古生界奥陶系中统上马家沟组,灰黑—灰绿色钙质页岩与中—厚层状含泥质白云质灰岩互层。

————————整合接触————————

第三段,厚 18.9 m。

6. 灰黑色中厚—厚层状灰岩、局部为夹白云岩。厚 13.5 m。

5. 灰黄—灰褐色同生角砾状灰岩。厚 5.4 m。

第二段,厚 56.4 m。

4. 灰黑色中—巨厚层状灰岩夹白云质灰岩、灰质白云岩、白云岩。厚 28.5 m。

3. 灰黑色厚层状灰质白云岩,底部为厚约 3 m 的灰黑色同生角砾状灰岩。厚 27.9 m。

第一段,厚 20.1 m。

2. 黄色薄层状泥灰岩(风化后成黄土状),上部夹同生角砾状泥灰岩,下部夹含砾砂质灰岩。厚 17.3 m。

1. 灰色中厚层状白云质灰岩、紫红色铁质砂岩、含砾砂岩、砂砾岩。厚2.8 m。

——————整合接触——————

下伏地层：下古生界寒武系上统凤山组灰白色硅质岩。

# 3.9 矿石质量特征

豫北地区石灰岩多以隐晶质结构为主,次为微晶结构及细晶结构。室内显微镜下鉴定有晶粒结构和粒屑结构。晶粒结构可细分为隐晶结构、微晶结构、细晶结构。粒屑结构可细分为内碎屑结构、含生物碎屑结构等。矿石构造以块状构造为主,斑状构造次之,局部可见叠层状构造。

## 3.9.1 矿石化学成分

矿石的化学成分:CaO 含量 32.99% ~ 54.40%,一般所用矿石要求 CaO 含量在 45% 以上。熔剂及化工类要求更高。MgO 一般 0.3% ~ 3.0%,一般要求小于 3%。其他化学成分:$SiO_2$ 含量小于 4.0%,$Na_2O + K_2O$ 含量 0.114%,$SO_3$ 含量 0.029% ~ 0.054%,$Cl^-$ 含量 0.004% ~ 0.006%。

矿石的主要化学成分为 CaO、MgO,还有少量 $SiO_2$、$Fe_2O_3$ 等(见表 3-4),数据统计表明,除 MgO 含量变化较大外,其他组分 CaO、$SiO_2$、$Fe_2O_3$、$K_2O$、$Na_2O$、$SO_3$、MgO、$Al_2O_3$ 极差和变化系数都很小,说明矿石化学成分含量稳定。

表 3-4  豫北地区主要水泥石灰岩矿石化学成分统计

| 化学成分 | 工程个数 | 最高值(%) | 最低值(%) | 平均值(%) | 变化系数 |
|---|---|---|---|---|---|
| CaO | 45 个钻孔 | 54.98 | 45.00 | 52.22 | 5.06 |
| MgO | 30 个钻孔 | 3.50 | 0.11 | 1.18 | 48.69 |
| $SiO_2$ | 20 个钻孔 | 6.50 | 1.66 | 3.12 | 26.87 |
| $Fe_2O_3$ | 56 个钻孔 | 0.97 | 0.084 | 0.31 | 37.76 |
| $K_2O$ | 40 个钻孔 | 1.79 | 0.10 | 0.28 | 29.74 |
| $Na_2O$ | 35 个钻孔 | 0.31 | 0.023 | 0.049 | 15.73 |
| $Al_2O_3$ | 38 个钻孔 | 2.81 | 0.17 | 0.56 | 19.35 |
| $SO_3$ | 40 个钻孔 | 0.105 | 0.017 | 0.036 | 1.40 |
| $Cl^-$ | 20 个钻孔 | 0.020 | 0.001 | 0.008 | 11.60 |
| Loss | 30 个钻孔 | 43.18 | 38.65 | 41.84 | 1.54 |

CaO 是水泥用灰岩矿的有益组分,矿石中 CaO 含量多集中在 51% ~ 54%

（见图 3-2），大于 51% 的样品占总样品数的 76.47%；单样最高含量 54.98%，最低含量 45.00%，平均含量 52.22%，变化系数 5.06%，说明 CaO 含量十分稳定。

MgO 是水泥用灰岩矿的主要有害成分，矿石中 MgO 含量多集中在 0 ~ 1%（见图 3-3），样品数占总样品数的 51.65%，3.0% ~ 3.5% 区间段的样品数只有 39 个，占总样品数的 7.17%，单样 MgO 最低含量 0.11%，最高含量 3.50%，平均含量 1.18%，变化系数 48.69%，说明 MgO 含量变化较大。

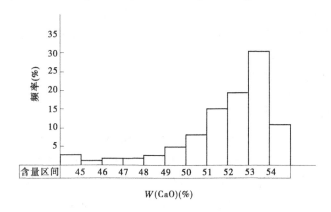

图 3-2　CaO 含量分布直方图

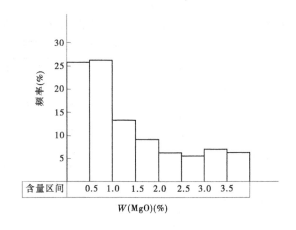

图 3-3　MgO 含量分布直方图

### 3.9.2　石灰岩的矿物成分

石灰岩主要由隐晶—微晶方解石组成,致密块状矿石方解石含量一般为95%;斑状灰岩矿石方解石含量一般大于85%,方解石粒径0.005~0.05 mm。其次为白云石,含量一般0~5%,平均3%。另含微量的褐铁矿、石英等。

石灰岩是以方解石为主要成分的碳酸盐岩。石灰岩是一种沉积岩。有时含有白云石、黏土矿物和碎屑矿物,有灰、灰白、灰黑、黄、浅红、褐红等色,硬度一般不大,与稀盐酸反应剧烈。结构较为复杂,有碎屑结构和晶粒结构两种。碎屑结构多由颗粒、泥晶基质和亮晶胶结物构成。颗粒又称粒屑,主要有内碎屑、生物碎屑和鲕粒等,泥晶基质是由碳酸钙细屑或晶体组成的灰泥,质点大多小于0.05 mm,亮晶胶结物是充填于岩石颗粒之间孔隙中的化学沉淀物,是直径大于0.01 mm的方解石晶体颗粒;晶粒结构是由化学及生物化学作用沉淀而成的晶体颗粒。

# 3.10　常见的几种灰岩类型

## 3.10.1　结晶灰岩

结晶灰岩(crystalline limestone)又称晶粒灰岩(crystal grain limestone)是一种主要由方解石晶粒(含量大于50%)组成的石灰岩。它常常是泥晶灰岩或其他类型灰岩通过重结晶形成的,按晶粒的大小可细分为粉晶石灰岩、细晶石灰岩、粗晶石灰岩等,无裂隙或溶洞者可成为阻止油气逸散的良好盖层。

大部分结晶灰岩都是原生石灰岩经成岩重结晶作用改变了原生颗粒组分和生物黏结组分而形成的。因此,大部分结晶灰岩就是重结晶灰岩。重结晶灰岩可以不同程度地保留变余的原始结构特征。

结晶灰岩也有原生的,如大陆地表泉水、岩洞或河水由蒸发作用形成的石灰华和泉华。石灰华是一种致密的带状钙质沉淀物。通常呈不规则块状构造的钟乳石和石笋,发育有从溶液中依次沉淀的方解石或文石晶体所组成的皮壳状纹层。多产出于石灰岩洞穴表面。钙泉华专指地表上海绵状多孔疏松的方解石或文石晶体沉淀物。多呈树枝状、放射状或半球状等构造特征,内部常保留有植物茎、叶的痕迹。产出于温泉、裂隙水出露的地表。

组成与结构:主要成分为方解石,含量约占80%以上。胶结物为亮晶方解石,部分为泥晶方解石,常含隧石、白云石和黏土矿物,呈晶粒结构,原层块状构造。方解石粒度 0.1~0.5 mm,有的可达 1 mm(见照片 3-2)。

物化性质:灰白色、灰黑色。致密,硬度 3。密度 2.5~2.8 g/cm。性脆。湿度与孔隙度小于 1%。松散系数一般为 1.5~1.6。质纯,含 CaO 5.0%~56%,MgO 小于 3%,$SiO_2$ 和 $Al_2O_3$ 一般小于 1%。加弱酸起泡。易破碎研磨。

功能与用途:主要用做水泥生产原料,同时还用于制造电石、苏打、苛性碱、纯碱、漂白粉、化肥以及冶金工业上作熔剂。

鉴别特征:致密块状,硬度小,加弱酸起泡。

### 3.10.2 微晶灰岩

灰岩为致密块状微晶集合体,主要化学成分为碳酸钙,为一种沉积岩,市场上俗称为砭石。

微晶灰岩是在没有持续水流的平静环境中由灰泥沉积而成的一种碳酸盐类岩石,主要由小于 4 μm 的微晶方解石组成。在近岸潮坪带形成的微晶灰岩,常常伴有鸟眼、干裂等构造。当有陆源黏土物质沉积时易形成瘤状微晶灰岩和干裂破碎的微晶砾屑灰岩。远洋的深海微晶灰岩,矿物成分以低镁方解石为主,还是砭石的主要矿物成分。

微晶灰岩有奇异的能量场,作用于人体皮肤表面可产生极远红外辐射,其频带极宽,远红外频率可达范围为 7~20 μm。微晶灰岩每摩擦人体一次就能产生有益于身体健康的超声波脉冲,平均超声波脉冲次数可达 3 708 次,频率范围 2 万~400 万 Hz 为上佳材质。微晶结构是晶体粒度极小的方解石微晶岩体,其质感非常细腻,摩擦人体使人感到非常舒服。

微晶灰岩多被用作制作珠宝玉石及保健品。由于其成分为方解石,硬度为 3,韧性较低,应避免硬物刻划及摔打,易与酸发生化学反应。

### 3.10.3 豹皮灰岩

豹皮灰岩(leopard limestone)是一种具黄色、褐红色不规则斑纹的石灰岩,貌似豹皮,故名豹皮灰岩(见照片 3-3)。通常基质部分为隐晶质方解石或微晶方解石,斑纹部分含有较多的白云石。它是石灰岩在成岩过程中发生白云石化而成的,白云石化作用常选择石灰岩中渗透性较好含颗粒的条带或斑块进行。

豹皮灰岩在中国寒武纪、奥陶纪地层中常见。周口店地区广泛分布的寒武纪地层府君山组底部灰岩因其具典型的豹斑状构造而被称为豹皮灰岩。

关于其成因一直有不同的说法,既有沉积成因的,也有构造成因的。现在比较得到大家认可的是后者,即认为豹皮灰岩是经韧性剪切作用的灰岩形成的钙质糜棱岩,因此具有重要的构造指示意义。在豫北地区奥陶系马家沟组地层中比较发育,豹皮灰岩的发育与韧性剪切作用相关,因此其构造成因的说法是比较可靠的。

### 3.10.4 鲕粒灰岩

鲕状灰岩(oolitic limestone)又称鲕粒灰岩,是一种以鲕粒为主要组分的石灰岩,它是一种良好的储油岩,是兼具化学和机械成因的石灰岩,形成于碳酸钙处于过饱和状态的海、湖波浪活动地带或潮汐通道水流活动地带。

按鲕粒之间的填隙物成分可分为亮晶鲕灰岩和泥晶鲕粒灰岩。按鲕粒内部的结构特征,可分为正常鲕灰岩、薄皮鲕灰岩、假鲕灰岩、变鲕灰岩、复鲕灰岩等。

鲕粒灰岩主要组成成分为碳酸钙,同时还会含有燧石、磷酸盐、白云石、赤铁矿或者铁矿,其中白云岩和燧石鲕粒是造成其独特质地的主要原因。

鲕粒灰岩是由鲕粒经 $CaCO_3$ 胶结而成。鲕粒含量大于50%,具鲕状结构(见照片3-4)。水介质强烈搅动下形成的鲕粒灰岩,鲕粒同心层多、个体大、圆度高、分选好,而且鲕粒含量高、堆积紧密;在微弱搅动环境下形成的鲕粒灰岩,鲕粒同心层少、个体小、圆度和分选度差,鲕粒含量低、堆集稀疏;在静水条件下形成的鲕粒,其核心凹凸不平,同心环外凹尖灭,呈偏心状。

### 3.10.5 竹叶石灰岩

上寒武统崮山组出现了大量的竹叶状灰岩(见照片3-5),通过对河南省焦作市北部山区上寒武系崮山组的系统研究,识别出页岩、疙瘩状泥晶灰岩、泥质条带泥晶灰岩、薄层状泥晶灰岩、生物扰动泥晶灰岩、颗粒质(生物碎屑)泥岩—泥质颗粒岩、含交错层理鲕粒灰岩及竹叶状灰岩8种岩石类型,这些岩石类型组成了页岩盆地、深潮下带及浅潮下带岩石组合,竹叶状灰岩中砾屑和基质的特征及其沉积序列,表明砾屑和基质的来源多样并且在不同的沉积环境中其成因具有多样性,据此总结出崮山组竹叶状灰岩具有4种可能的成因类型:

(1)竹叶状灰岩中砾屑和基质可能均为原地形成或者仅有短距离的搬运过程。

(2)竹叶状灰岩中砾屑和基质可能均为近岸形成并经历了长距离的搬运过程,或者竹叶状灰岩的沉积环境经历了海平面的突然升高。

（3）竹叶状灰岩中基质可能来源于近岸未固结的鲕粒和生物碎屑及原地的灰泥，与原地破碎生成的砾屑和灰泥等混合沉积。

（4）竹叶状灰岩中砾屑可能来源于远岸固结的泥晶灰岩，并经搬运作用与原地未固结的灰泥及骨架颗粒等基质混合沉积。

## 3.10.6 生物碎屑灰岩

生物碎屑灰岩是以生物碎屑被碳酸钙胶结而成的灰岩（见照片3-6）。生物碎屑含量变化于40%～90%，种类繁多，主要有腕足类、珊瑚类、藻类、腹足类、介形虫等，呈完整形体或碎片。胶结物主要为泥晶或亮晶的方解石，偶含石英与黏土矿物。呈生物碎屑结构，块状构造。

物化性质：灰色、灰黑色。由于生物碎屑含量与胶结程度不同，使其物理性质变化较大。通常坚韧度比较小，抗压强度较低，小于100 MPa，密度2.3 g/cm$^3$，孔隙率大，质地比较松。含 CaO 48%～50%，MgO、Al$_2$O$_3$、SiO$_2$ 含量均较低，小于1%，岩石易破碎，溶于稀酸中。

功能与用途：生物碎屑灰岩化学成分与物理性能良好，广泛用于生产优质水泥，部分生物碎屑保持完好的灰岩常做饰面材料，用于墙壁贴面与装饰。

生物碎屑灰岩，根据所含化石的特点而进行命名，如以贝壳碎屑为主，则称为介屑灰岩；如以虫迹为主，则称为虫迹灰岩；以蜓类壳体为主，称为蜓灰岩；以藻类为主者，称为藻灰岩；含大量鹦鹉螺化石，称为宝塔灰岩（因鹦鹉螺化石纵切面形似宝塔）。

## 3.10.7 花斑状灰岩

花斑状灰岩，新鲜面灰—灰黑色，风化面为灰白色，掺杂灰色或灰黄色，花斑呈条带状或不规则的云朵状，平行于层面分布，主要矿物成分为方解石，含量大于85%，粒径一般0.04 mm。花斑成分为微晶方解石和白云石组成（见照片3-7）。

花斑状灰岩为一巨厚层的碳酸盐岩建造，从岩石类型、沉积构造、生物组合等方面来分析应属浅海—滨海相沉积矿床，主要特征为：

（1）岩石组合为灰岩、花斑灰岩、花斑状白云质灰岩、灰质白云岩、泥灰岩、白云岩等，说明在沉积的过程中有地壳的上升和下降振荡。

（2）岩石以微晶结构为主，粒屑结构为辅，以水平层理构造为主。反映了水动力条件相对稳定。

（3）生物化石少而单调，岩石中仅见有直管藻类叠层石、瓣鳃类及极少数的角石等化石,显示了沉积环境的相对闭塞。

(4)矿体中三个泥质夹石层的存在,说明在整个海进过程中有三个次一级的沉积旋回。

关于花斑灰岩中花斑的成因,笔者认为主要是在岩石成岩阶段,由高镁卤水交代方解石的白云石化作用形成的。这种作用形成的白云石常呈菱形的自形—半自形晶体,多为褐灰色或灰色,也有外缘铁质析出现象,呈薄膜状且浸染周围的灰泥,而形成褐色或红色的白云石化斑块,这些暗灰色、灰白色、褐色、粉红色斑块即所谓的花斑,白云石化作用的强弱,也即花斑的多与少对矿石质量有直接的影响,白云石化强,花斑就多。根据室内岩石化学分析结果及岩矿鉴定结果,花斑为暗灰或灰白色者往往 MgO 含量较高,花斑为红色者MgO 含量相对略低。由于高镁卤水多沿一定的岩层活动,所以白云石化严重的岩石,多有固定的层位,形成的花斑灰岩还可作为分层标志。

# 第4章 豫北地区奥陶纪
# 岩相古地理概况

早奥陶世基本继承了晚寒武纪的沉积环境,海水继续向北退去,只在太行山北麓有所沉积,经怀远运动,海水退回河南省。中奥陶世,海水由北向南侵入,海岸线达渑池、禹县、息县一带,后经加里东运动上升,遭受长期风化剥蚀。晚奥陶世为陆地(见图4-1)。

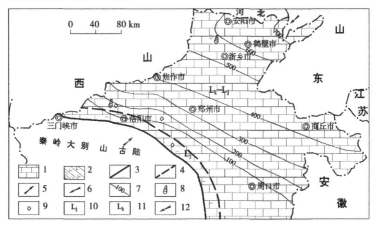

1—灰岩组;2—火山岩泥岩组;3—海陆界线;4—岩相界线;5—海侵方向;6—物质搬运方向;
7—沉积等厚线(m);8—头足类;9—牙形石;10—局限台地相;11—开阔台地相;12—海退方向

**图4-1 豫北地区中奥陶纪岩相古地理**

早奥陶世,海水退至太行山东麓,其他地区上升为陆地。主要岩石类型为细晶白云岩、含燧石团块和条带细晶白云岩、含灰质粉晶白云岩,灰、灰白色,具水平纹层、微波状层理,厚数十米,仅发现少量牙形石,属局限台地沉积环境,后经加里东运动上升,遭受剥蚀。

中奥陶世下马家沟组早期,出现一次大规模海侵,海水由北向南侵入,南界达三门峡、禹县、确山一带,主要沉积了灰黄色含砾石英砂岩、含砂质白云岩、含细砂屑白云岩、含泥质白云岩、泥晶白云岩、页岩,水平层理发育,柱状叠层石发育,厚度数米至数十米,为局限地台潮间—潮上环境。下马家沟晚期,为灰色泥晶灰岩、泥晶白云质灰岩、粉晶白云岩、泥晶白云岩、角砾状白云质灰岩,厚度数米至数十米,化石较少,仅见牙形石和藻类,具水平纹层和缝合线构造,为局限潮下—开阔台地环境。

中奥陶世上马家沟组早期,海水由北东方向退去,在新安、博爱以北为粉晶白云岩、泥晶白云质灰岩、少量泥晶砾屑白云岩、球粒灰岩及牙形石灰岩,灰—灰黄色,厚数十米,具水平纹层,微波状层理和示底构造,生物较少(见头足类、牙形石和藻类),属局限台地环境。上马家沟晚期,为泥晶灰岩、含砾屑砂屑灰岩、含砂屑泥晶灰岩、泥晶白云岩、粉晶白云岩、少量亮晶砾屑灰岩,灰—深灰色,厚百余米,具水平纹层,含较多头足、腹足和牙形石生物化石,为开阔台地环境。

中奥陶峰峰早期,海水继续向北退去,主要在博爱、鹤壁、安阳一带沉积,为泥晶白云岩、泥晶灰岩、角砾状粉晶灰岩、泥晶白云质灰岩,灰—灰黄色,厚数十米,为局限台地环境。峰峰晚期,只在鹤壁以北沉积,为泥晶灰岩、泥晶白云质灰岩、粉晶灰岩,厚 100 m 左右,具水平层理,含牙形石,属开阔台地环境。

# 第5章 豫北地区石灰岩矿矿床实例简介

## 5.1 鹤壁市鹿楼水泥灰岩矿

### 5.1.1 矿区地质

矿区位于鹤壁市南4 km,属鹿楼乡。由水泉灰岩矿和张庄黏土组成,面积约10 km²。

矿区大地构造位置属中朝准地台山西台隆太行拱断束的东部。区域构造线方向北东—南西走向,倾向南东,区域地层由老至新、由西而东依次为寒武系、奥陶系、石炭系、二叠系、第三系和第四系。矿区地层简单,仅有奥陶系和第四系。奥陶系自下而上划分为下奥陶统、中奥陶统。

下奥陶统:区内仅出露上部,分布于矿区东南缘,主要为含燧石团块白云岩,厚度20~40 m。

中奥陶统:根据岩性组合分为三个组:下马家沟组、上马家沟组和峰峰组。

下马家沟组:分两个岩性段。第一段:下部为薄层状泥质白云质灰岩,中部为黄褐色灰质页岩夹灰黄色薄层白云质灰岩,上部灰黄色薄—中层白云质灰岩。本段厚10~25 m,分布于矿区东南部,与下奥陶统整合接触。第二段:主要为厚层及中层灰岩、花斑状灰岩,夹3层厚度不等的白云质灰岩。本段厚50~70 m,分布于矿区东南部。

上马家沟组:分四个岩性段。第一岩性段:下部为深灰色中厚层灰岩,中上部为青灰色灰岩及花斑状灰岩夹花斑状白云岩,厚75~90 m。第二岩性段:由花斑状白云质灰岩及灰质白云岩组成,厚6~80 m,为矿层顶板。第三岩性段由厚层状灰岩与中薄层白云质灰岩或灰质白云岩组成,厚40~70 m,分布于矿区中东部。第四岩性段为深灰色厚层状灰岩夹中薄层白云质灰岩及灰质白云岩,该段零星出露,厚28~37 m。

峰峰组:分布于矿区北部边缘,分两个岩性段。第一岩性段为浅灰色泥质白云岩及角砾状白云质灰岩,厚45~67 m。第二岩性段主要为深灰色—灰黑色灰岩及花斑状灰岩,夹白云质灰岩及灰质白云岩,厚 70~90 m。

第四系:主要为亚黏土、轻亚黏土和亚砂土及砾石组成,厚 0~15 m,分布于东部及低洼处。

矿区为一宽缓倾伏向斜构造(水泉向斜),轴向北东 40°,向北西方向倾伏,北西翼岩层倾向 105°~125°、倾角 15°~25°,东南翼岩层倾向 320°~340°,倾角 16°~23°。向斜西南翼已发现 10 条高角度正断层,走向北东,其中较大的有 3 条断层,控制长 520~1 250 m,垂直断距 40~130 m,但均位于矿区边缘,对矿体影响不大,其余断层规模较小。

## 5.1.2 矿床地质

矿体产于中奥陶统上马家沟组第一岩性段。分东、西两个矿段。

矿体产状稳定,西矿段倾向 105°~125°,倾角 10°~25°;东矿段倾向 320°~340°,倾角 16°~23°。矿体呈简单层状体,工业矿层最大厚度 60.15 m,最小 3.66 m,平均 27.68 m。均方差 14.78,变化系数 0.53 。

主要矿石类型为中—厚层状石灰岩,次为花斑状石灰岩。主要矿物成分为泥晶方解石,含量 92%~96%,平均 94%。次要矿物成分为白云石,含量 2%~7%,平均 4%,微量矿物有褐铁矿、石英、石膏、石盐假晶等。矿石呈致密块状或花斑状构造,亮晶砂屑泥晶、骨屑砾屑泥晶及骨屑砂屑泥晶结构。

矿石中各化学组分含量均匀,MgO、$Al_2O_3$ 极低和变化系数较大。CaO、MgO 沿走向、倾向的含量分布稍有波动,但幅度小,变化系数分别为 0.01~0.46 。全区矿石平均品位为:CaO 52.96%,MgO 0.72%,$SiO_2$ 2.98%,$Fe_2O_3$ 30.18%,$K_2O$ 0.14%,$Na_2O$ 0.05%,$Al_2O_3$ 0.86%,$SO_2$ 0.033%,C 0.021%,烧失量 41.9%。属高钙低镁水泥灰岩。

探明(332)+(333)水泥灰岩储量 12 492.47 万 t。

# 5.2 卫辉市豆义沟水泥灰岩矿

## 5.2.1 矿区(床)地质

### 5.2.1.1 地层

卫辉市豆义沟水泥灰岩矿位于卫辉市太公泉镇豆义沟,行政区划隶属太公泉镇管辖。

矿区内出露地层主要为奥陶系中统上马家沟组的一段、二段、三段地层。

由南往北大致顺等高线呈东西向带状分布,在低缓山坡及沟谷地带发育第四系全新统亚砂土、亚黏土及残坡积物等。区内地层岩性特征自老而新分述如下。

1)奥陶系中统下马家沟组三段($O_2x^3$)

上部为深灰色隐晶质致密灰岩,中部为浅灰色白云灰岩,中下部为深灰色致密灰岩。厚度大于46 m。

2)奥陶系中统上马家沟组一段($O_2s^1$)

该段在矿区南坡广泛出露,为矿体底板,与下伏 $O_2x^3$ 整合接触。上部为致密灰岩和薄层状白云质灰岩及紫红色泥灰岩;中部以白云质灰岩为主,夹灰质泥岩,竹叶状、角砾状白云质灰岩;下部为中厚层状白云质灰岩。厚61~66 m。

3)奥陶系中统上马家沟组二段($O_2s^2$)

该段分布在矿区中部大片地区,矿层即赋存于本段,与下伏 $O_2s^1$ 地层整合基础。该段为主要含矿层。按岩性特征由下而上分为四层:

(1)第一层($O_2s^{2-1}$)。

该层下部为巨厚层状致密灰岩,厚约5 m;中部以含杂质(硅、钙、铝、铁)结核花斑灰岩为主,厚约25 m;上部为花斑灰岩,杂质结核零星分布,厚约15 m。

该层为矿区主要矿层之一,平均厚度46.11 m。

(2)第二层($O_2s^{2-2}$)。

该层为灰黑色密集虎斑白云质灰岩,厚仅2 m左右,延伸稳定,野外极易分辨,为矿区的标志层。

(3)第三层($O_2s^{2-3}$)。

该层为花斑灰岩和致密灰岩,夹一层至数层虎斑灰岩。平均厚度32.83 m。该层亦为矿区主要矿层。

(4)第四层($O_2s^{2-4}$)。

该层主要由虎斑状白云质灰岩组成,为矿体的直接顶板。平均厚度18.44 m。

上述四层均为层状产出,互为整合接触。

4)奥陶系中统上马家沟组三段($O_2s^3$)

该段分布在矿区北部及西部山顶附近,与下伏 $O_2s^{2-4}$ 呈整合接触,是矿体的覆盖层之一,为一套致密灰岩与中—薄层状白云质灰岩互层。厚度10~53 m。

5)第四系全新统($Q_4$)

在矿区中部豆义沟沟谷及北部局部地段发育有棕红色黏土、黄色亚黏土、亚黏土等,厚度一般1~3 m。

#### 5.2.1.2　构造

矿区岩层基本上呈单斜形态产出,总体倾向北,东部和西部的岩层倾向有别。倾角平缓,一般为6°~15°。矿区发育有三种构造形迹。

(1)褶曲。本矿区不发育,仅见个别褶曲现象。

(2)断层。矿区内断层比较发育,存在有两组断层,即近东西向断层组和北东向断层组。以高角度正断层为主,少数为高角度逆断层。

区内有断层22条,走向延长在500~1 600 m的仅有7条;200~480 m的有8条;60~180 m的有7条。大部分断层的规模比较小。规模较大,断距大于10 m,对矿体具有较大破坏性,影响矿层完整性的断层只有7条($F_1$、$F_3$、$F_4$、$F_5$、$F_{15}$、$F_{16}$、$F_{17}$)。

(3)区内张性节理广泛发育,多分布在断裂附近和褶曲核部。剪节理规模一般比较小,仅在矿区南部见有两组。

#### 5.2.1.3　岩浆岩

矿区内未见有岩浆岩。

### 5.2.2　矿床规模及岩层岩性特征

矿床为一简单矿床,呈层状产出。总体为向北倾斜,倾角较稳定,一般为5°~15°。由奥陶系中统上马家沟组二段($O_2s^2$)的致密灰岩、花斑灰岩组成。矿体被厚约6 m的夹层隔开,分成上、下两个矿层。上矿层平均厚约33 m,下矿层平均厚约46 m。

矿体东西长2 760 m,南北宽400~1 000 m,总厚度73~93 m。

(1)下矿层($O_2s^{2-1}$)。

底部为5 m的巨厚层致密灰岩,中部以含杂质结核花斑灰岩为主,厚约25 m。上部为花斑灰岩,杂质结核零星分布,厚约15 m。下矿层总厚度平均为46.11 m。

(2)上矿层($O_2s^{2-3}$)。

以花斑灰岩为主,此为致密灰岩。靠近底部夹有一层厚0.5~1 m的密集虎斑灰岩及花斑灰岩。中部夹有2~5层厚0.5~2 m的虎斑灰岩,呈透镜状。上矿层总厚度平均为32.83 m。

### 5.2.3　矿石质量特征

本工程拟采矿层——奥陶系中统上马家沟组二段的下矿层($O_2s^{2-1}$)CaO含量平均为52.88%,MgO含量平均为5.25%;上矿层($O_2s^{2-3}$)CaO含量平均为51.7%,MgO 含量平均为0.97%。

矿体底板围岩为奥陶系中统马家沟组一段($O_2s^1$),底板 CaO 含量平均为46.17%,MgO 含量平均为5.25%,矿体顶板围岩 CaO 含量平均为44.85%,MgO 含量平均为6.55%。矿体夹层 CaO 含量平均为38.89%,MgO 含量平均为12.01%。底板围岩、顶板围岩、夹层可在满足进厂石灰石 MgO 质量要求的前提下搭配使用。

矿山矿石质量稳定,矿体平均化学成分见表5-1。

表5-1　矿体平均化学成分

| 矿物成分 | $SiO_2$ | $Al_2O_3$ | $Fe_2O_3$ | CaO | MgO | $K_2O$ | $Na_2O$ | $SO_3$ | $Cl^-$ |
|---|---|---|---|---|---|---|---|---|---|
| 平均化学成分(%) | 2.99 | 0.86 | 0.40 | 52.74 | 0.88 | 0.13 | 0.04 | 0.03 | 0.016 |

## 5.2.4　矿石围岩及夹石情况

(1)底板。

矿体底板为奥陶系中统上马家沟组一段($O_2s^1$),厚度61~66 m。岩性:中、下部以白云质灰岩为主;上部靠近矿体由薄层状白云质灰岩、泥灰岩、中厚层状致密灰岩和白云质灰岩组成。

(2)顶板。

矿体顶板为上马家沟组二段第四层($O_2s^{2-4}$)的虎斑灰岩夹白云质灰岩。平均厚度18.41 m。

(3)夹石层。矿区矿体中夹层很少,规模也不大。

$J_1$ 夹层:沿走向长178 m、厚3.05 m 的透镜状虎斑灰岩。

$J_2$ 夹层:由 $O_2s^{2-2}$ 和 $O_2s^{2-3}$ 底部岩层构成,厚约6 m,层位稳定,纵贯全区,呈似层状产出。由虎斑灰岩、花斑灰岩和密集虎斑白云质灰岩组成。

$J_3$ 夹层:位于上矿层中部,由虎斑灰岩构造,分布在矿区西部,厚度变化大,从1~4.55 m 形成三个孤立的透镜体。

## 5.2.5　矿床开采技术条件

### 5.2.5.1　水文地质

从区域水文地质划分,矿区属于碳酸盐类裂隙岩溶水区。但从本矿区具体位置分析,矿区位于陈召向斜的南翼,奥陶系中统上马家沟组($O_2s$),灰岩岩层产状向北呈缓倾斜,根据在矿区实地调查,矿区内奥陶系中统上马家沟组

（$O_2s$）灰岩岩溶不很发育,仅在北坡上马家沟组二段第三层（$O_2s^{2-3}$）、上马家沟组二段第四层（$O_2s^{2-4}$）及奥陶系中统上马家沟组三段（$O_2s^3$）见有少量表层的小溶沟、小溶洞,与深部无直接连通。构造裂隙中等发育,矿区内几条较大断层,产状呈东西向、高角度,断层破碎带多有充填,因此当承受大气降水时,可以矿区山脊为分水岭,分流向两个汇水面积,即矿区山脊以北的地表径流与地下径流均向向斜轴部煤系地层汇积,然后向东排泄。矿区分水岭以南所承受的降水,则多呈地表径流排泄于豆义沟、十里河,然后向东补给给山前倾斜平原。由于矿区地形位置高,因此当承受大气降水时,易成地表径流排泄,少量通过岩溶、裂隙下渗,补给深部灰岩及石炭系煤系地层,因此矿区灰岩只成为向深部灰岩岩溶裂隙水的补给带和过水通道,而不构成含水层,雨季过后,矿体是无水的,因此灰岩开采不受地下水影响。

大气降水是矿床充水的主要来源,但由于矿体位于当地侵蚀基准面以上,地形条件有利于自然排水,矿床充水主要含水层——灰岩是不含水的,构造破碎带富水性弱,地表水体——十里河低于矿体,所以本矿区为水文地质条件简单类型的矿床。

#### 5.2.5.2 工程地质

矿区顶、底板岩石坚硬、韧性大、稳定性好,没有软弱夹层,裂隙中等发育,不存在滑坡、崩塌等不稳定因素。

1）矿石和围岩的力学性质

矿石与围岩抗压强度见表5-2。

表5-2 矿石与围岩抗压强度 （单位:MPa）

| 抗压强度 | 顶板 | 上矿层 | 下矿层 | | 底板 |
|---|---|---|---|---|---|
| | 虎斑灰岩 | 花斑灰岩 | 花斑灰岩 | 致密灰岩 | 白云质灰岩 |
| 垂直层理 | 93.75 | 54.55 | 72.15 | 53.45 | 73.75 |
| 平行层理 | 69.50 | 56.85 | 73.30 | 62.60 | 79.60 |

矿石体重:2.69 $t/m^3$（豆义沟矿区）,2.68 $t/m^3$（豆义沟东段）。

2）矿层及顶底板岩石的稳固性

（1）顶板岩石。

矿体的顶板岩石有 $O_2s^{2-4}$ 虎斑灰岩及白云质灰岩;$O_2s^{2-3}$ 致密灰岩与白云质灰岩互层。顶板岩石多在开采前剥掉,但边界上的顶板岩石须考虑其稳定性。

白云质灰岩在地表虽然剪节理发育,易碎成菱形块体,但在地表 2 m 以下比较坚硬而且韧性很大。顶层岩层中没有软弱夹层,裂隙中等发育,也不存在滑坡、溶洞、崩塌等不稳定因素。

(2)矿体(层)。

矿体由不同类型矿石及夹石组成,其矿层和所含夹石都属于稍硬的岩石硬度级别,在建材岩石八级分级表中划为 $Ⅳ \sim Ⅵ$ 级,硬度系数为 8。

(3)底板岩石。

底板岩石多由 $O_2s^1$ 段的中—厚层状白云质灰岩构成,岩石坚硬,韧性大,稳定性好。

综上所述,本矿区为工程地质条件简单,矿层及顶底板岩石的稳固性好,矿体大面积裸露、厚度大,分布集中,剥采比小,适宜露天大规模开采,开采技术条件优越的大型水泥原料矿床。

### 5.2.5.3 环境地质

(1)矿区无大断裂通过,只发育一些小型断层,对矿区影响不大,本区地震基本烈度为Ⅷ度。

(2)矿山开采的矿石与废石不含重金属离子,并无易溶物污染地下水质。未来的开采不会引起地下水动态变化,也不会造成地表开裂、地面塌陷等不良工程地质问题。

探明(332)+(333)水泥灰岩储量 17 960.9 万 t。

# 5.3 鹤壁市邪矿矿区水泥灰岩矿

## 5.3.1 矿区地质

矿区位于鹤壁市老城区西南约 6 km,距同力水泥公司厂区 3 km,行政区划隶属鹤壁市淇滨区上峪乡管辖。

邪矿水泥灰岩矿区范围指的是原普查区范围:北以 $F_3$ 断层为界,南以 $F_1$ 断层为界,东以 $F_2$ 断层为界,西以柏尖山东沟为界,面积约 4 km²。

此次勘探的范围是参考鹤壁市矿产资源规划中淇河保护区的禁采范围,在原普查矿区的范围内按照业主要求划出离厂距离近、开采技术条件简单的一部分作为此次的勘探区,先行进行勘探,满足三期"近期"生产需求,待将来生产需要时,再进行外扩勘探。就是说,此次勘探区为整个矿床的一部分。

区内地层呈单斜产出,走向北东—南西,倾向 95° ~ 170°,平均倾向 136°,

倾角5°~15°,平均10°左右。较大的断裂构造在矿区的周边构成矿区的外部边界,区内大的断裂不发育,以小断裂及裂开为主,对矿体破坏不大,总体上矿区内构造简单。

## 5.3.2 地层

矿区地层较为简单,主要为奥陶系中统,次为下统,新近系在矿区的南部也有分布、第四系在沟谷中或山坡凹地出现,现按地层的先后,由下往上、由老到新简述如下。

### 5.3.2.1 奥陶系下统($O_1$)

地表仅出露在矿区西部"安凤山"庙西沟底一带,岩性为灰—褐灰色,厚—巨厚层状白云岩、燧石团块白云岩,岩石具刀砍状,风化面溶蚀沟发育,厚度大于40 m,未见底。

### 5.3.2.2 奥陶系中统($O_2$)

奥陶系中统根据岩性特征、沉积旋回及区域对比,分为下马家沟组和上马家沟组。区内主要以下马家沟组地层为主。上马家沟组地层在$F_3$断层以北即邪矿村一带有大面积出露,勘探区内仅在矿区的南部和东南部几个山包顶上有少量残存,厚度仅几米。

下马家沟组分为上、下两段,本次所研究的矿体即赋存于上段之中,为本次工作研究的主要对象。上马家沟组由于不是本次勘探工作的重点,所以暂不对其详细划分。叙述如下。

1)下马家沟组($O_2x$)

该组是矿区的主要出露地层,与下伏奥陶系下统呈整合接触。厚度86.40~100.60 m,平均93.5 m。

a.下马家沟组下段($O_2x^1$)

底部为黄色薄层状钙质页岩(相当于"贾旺页岩"层位)。中、上部从下往上为黄、红、灰色角砾状泥灰岩、灰色薄层状泥质白云岩、白云岩,厚约16 m。

该段岩石抗风化能力差,常在地貌上形成缓坡,与上、下地层分界明显,为矿体的底板。

钙质页岩(贾旺页岩):镜下鉴定为含砾屑细晶灰岩,砾屑细晶结构,层状构造。岩石由内碎屑及胶结物组成,内碎屑为细晶灰岩砾屑,呈次棱角状,大小5~6 mm,细晶灰岩主要由细晶方解石及少量泥质、铁质组成,呈不均匀的定向分布于细晶方解石之中,方解石呈晶粒状,大小0.06~0.1 mm;泥质为极细小鳞片,常聚集,呈不均匀的定向分布;铁质为土状褐铁矿,不均匀分布。

泥质白云岩(直接底板):镜下鉴定为泥晶白云岩。泥晶结构,白云石含量90%、方解石含量10%,褐铁矿少量。岩石主要由白云石组成,白云石为泥晶,微显定向性分布;方解石多为亮晶,少为微晶,微晶方解石不均匀分布,亮晶方解石多沿孔洞充填;褐铁矿为土状,多沿裂隙分布,另外岩石中有少量方解石细脉分布。

b.下马家沟组上段($O_2x^2$)

本段为含矿层,是本次工作的主要对象,本段地层岩性、岩相稳定,厚度平均77.43 m,与下伏地层呈整合接触。总体上分为9个岩性层。(6层灰岩矿石夹3层泥质白云岩、花斑状灰岩夹层)。按填图单元从下往上依次为:$O_2x^{2-1}$、$O_2x^{2-2}$、$O_2x^{2-3}$、$O_2x^{2-4}$、$O_2x^{2-5}$、$O_2x^{2-6}$、$O_2x^{2-7}$、$O_2x^{2-8}$、$O_2x^{2-9}$,见表5-3。

表5-3    下马家沟组上段岩性划分及地质特征

| 填图单元 | 区间厚度(m)<br>平均厚度(m) | 岩性 | 地貌特征 | 矿层及夹层编号 | |
|---|---|---|---|---|---|
| $O_2x^{2-9}$ | 6.80~9.70<br>8.25 | 致密块状灰岩 | 位于山包顶部,呈馒头状 | 第四矿层 | |
| $O_2x^{2-8}$ | 3.00~5.69<br>3.72 | 蜂窝状泥质白云岩、泥灰岩 | 缓坡 | 第三夹石层($J_3$) | |
| $O_2x^{2-7}$ | 13.69~15.43<br>14.58 | 生物碎屑灰岩及致密块状灰岩 | 陡坎 | 第三矿层 | |
| $O_2x^{2-6}$ | 1.64~5.20<br>3.74 | 泥质白云岩、泥灰岩 | 缓坡 | 第二夹石层($J_2$) | |
| $O_2x^{2-5}$ | 2.10~12.40<br>5.36 | 致密块状灰岩 | 陡坎 | 三亚层 | 第二矿层 |
| $O_2x^{2-4}$ | 2.70~7.01<br>4.61 | 结晶灰岩、泥灰岩、致密块状灰岩 | 缓坡 | 二亚层 | |
| $O_2x^{2-3}$ | 6.63~37.97<br>13.60 | 致密块状灰岩、局部花斑状灰岩 | 陡坎 | 一亚层 | |
| $O_2x^{2-2}$ | 2.10~26.10<br>11.35 | 花斑状灰岩与致密块状灰岩互层、局部白云岩 | 陡坎 | 第一夹石层($J_1$) | |
| $O_2x^{2-1}$ | 8.34~31.05<br>20.01 | 致密块状灰岩、局部花斑灰岩 | 陡坎 | 第一矿层 | |

（1）第一岩性层（$O_2x^{2-1}$）。

此层厚 8.34～31.05 m，平均 20.01 m。

此层位于矿体的下部，矿区内矿体底板除在西部安凤山庙西坡因断裂抬升有一块出露外，大都没有出露，需靠深部钻孔控制。岩性由灰色厚层状致密块状灰岩、角砾状灰岩、局部为花斑状灰岩。底部有一层厚约 0.3 m 的红色角砾状灰岩，小孔洞发育，网格状构造，溶孔中常充填有红色结晶方解石，此层十分稳定，是一个良好的标志层，在钻孔施工中只要见了此层岩石即临近终孔层位，为矿体中第一矿层。

致密块状灰岩：由方解石组成，方解石为微晶，含量 95% 以上。

花斑灰岩：花斑灰岩主要由方解石及白云石组成，方解石多为泥晶，少数已结晶为微晶，呈不均匀的定向分布，白云石多为微晶，少为粉晶，常聚集成一条条、一团团或不规则形状，呈不均匀的定向分布，构成"豹皮"状花纹。

（2）第二岩性层（$O_2x^{2-2}$）。

此层厚 2.10～26.10 m，平均 11.35 m。由灰色花斑灰岩、花斑状灰质白云岩及致密块状灰岩组成，此层厚度变化较大，但层位连续，全区存在，为矿体中第一夹石层（$J_1$）。宏观上看与上下灰岩呈渐变过渡，界线不明显，地貌特征一致，形成陡坎地貌，钻孔中常根据化验结果划分层位界线，把 MgO 含量 > 3.5% 的圈出作为夹石，夹石连续达到 2 m 以上作为夹层，横向上与相邻钻孔对应连接起来，作为此层夹石层层位。

（3）第三岩性层（$O_2x^{2-3}$）。

此层厚 6.63～37.97 m，平均 13.60 m。为灰色致密块状灰岩、角砾状灰岩，局部为花斑灰岩，顶部为灰黑色纹层状灰岩，纹层理发育，十分特征，全区稳定。该层为第二矿层第一亚层。

角砾状泥灰岩：镜下鉴定为亮晶砾屑灰岩。亮晶砾屑结构，块状构造。砾屑为内碎屑，泥晶灰岩砾屑 70%，泥晶灰岩砂屑 10%，胶结物含量 20%，为亮晶方解石。岩石矿物特征为：岩石由内碎屑及胶结物组成，内碎屑为泥晶灰岩砂屑和砾屑，均呈棱角状、次棱角状，砾屑 2～7.5 mm，砂屑 0.3～1.8 mm，泥晶灰岩由泥晶方解石组成，内碎屑杂乱分布，在内碎屑颗粒间不均匀地分布着亮晶方解石。

纹层状灰岩：镜下鉴定为弱白云石化纹层状泥晶灰岩，泥晶结构，纹层构造，方解石含量 90%，白云石含量 10%。岩石发生了轻微的白云石化，形成了少量白云石，白云石为微晶，较为均匀分布，岩石主要组成矿物方解石多为泥晶，部分已结晶为微晶，泥晶、微晶常分别聚集成条纹，定向分布，构成了岩石的纹层构造,顶部纹层灰岩全区稳定,可作为分层标志。

(4)第四岩性层($O_2x^{2-4}$)。

此层厚2.70 ~ 7.01 m,平均4.61 m。为灰黄色薄层状泥质灰岩,中间夹一层约0.4 m厚的灰黑色灰岩,此层灰岩全区稳定,钻孔岩芯证明,此层在地表深处多为结晶灰岩。

结晶灰岩:镜下鉴定为细晶灰岩。细晶结构,层状构造,方解石含量98%,褐铁矿含量2%,岩石几乎全由方解石组成,方解石多为细晶(0.06 ~ 0.25 mm),少为微晶、粉晶,相互结合分布,褐铁矿为土状,不均匀散布。

此层在地表常风化形成缓坡,过去常将此层误认为"夹石层",经勘探工作进一步证实此层岩性为结晶灰岩—泥灰岩。该层为第二矿层的第二亚层。

(5)第五岩性层($O_2x^{2-5}$)。

此层厚2.10 ~ 12.40 m,全区平均5.36 m,为灰色厚层状致密块状灰岩,主要由微晶方解石组成,含量98%,此层灰岩厚度不大,全区厚度稳定,质量好,在地表形成4 ~ 5 m高的陡崖,十分特征,为良好的标志层。该层为第二矿层的第三亚层。

(6)第六岩性层($O_2x^{2-6}$)。

此层厚1.64 ~ 5.20 m,平均3.74 m,为薄层状灰黄色泥质白云岩夹泥质灰岩、泥质白云质灰岩,中间夹一层0.2 ~ 0.4 m厚的灰岩。

薄层状泥质白云岩:镜下鉴定为泥晶白云岩。泥晶结构,层状构造,白云石含量近似100%,岩石几乎全由白云石组成,白云石多为泥晶,部分已结晶为微晶、微显定向分布,岩石中有一些裂隙被方解石细脉充填。

此层为矿体中第二夹石层($J_2$),在地表多形成缓坡,与上下层灰岩反差很大。

(7)第七岩性层($O_2x^{2-7}$)。

此层厚13.69 ~ 15.43 m,平均14.58 m,为灰色厚层状灰岩与生物碎屑灰岩组成。此层共见有三层藻灰岩(分别位于中下部、中部和顶部)和一层芝麻粒状生物碎屑灰岩(位于矿层的中部)及一层类似红色花斑状的生物碎屑灰岩(位于矿层的底部1 ~ 1.2 m厚),其中底部的红色花斑状生物碎屑灰岩和黑芝麻粒状生物碎屑灰岩在全区分布稳定,而藻灰岩分布不普遍,在矿区的东部TC37—ZK046长山梁上常见,十分清晰,矿区其他地方偶尔可见,此层灰岩厚度大,质量好,为矿体中第三矿层。

红色花斑状生物碎屑灰岩:镜下鉴定为含生物屑泥晶灰岩。生物碎屑结构,由粒屑和胶结物组成,其中粒屑中瓣鳃动物碎屑占20%。胶结物含70%

的泥晶方解石和 10% 的亮晶方解石。岩石粒屑中瓣鳃动物碎屑呈弧面、条状、双壳状,大小 0.5~3 mm,钙质纤状结构,晶粒结构,壳内被泥晶方解石、亮晶方解石充填,不均匀地分布于泥晶方解石中,岩石中有一些孔洞和裂隙被亮晶方解石充填。

芝麻粒状生物碎屑灰岩:镜下鉴定为亮晶含生物屑砂屑灰岩。亮晶生物屑砂屑结构,岩石由粒屑及胶结物构成。粒屑由 60% 泥晶灰岩砂屑和 10% 的瓣鳃动物碎屑组成,瓣鳃动物碎屑,切面呈弧面、条状,大小 0.4~2 mm,钙质纤状结构粒屑杂乱分布,在粒屑颗粒间不均匀地充填着亮晶方解石。

藻灰岩:镜下鉴定为亮晶藻灰岩。藻屑结构,叠层构造,岩石 85% 由直管藻和 15% 的亮晶方解石组成。直管藻藻体呈直管,由泥晶方解石组成,藻体常聚成暗的条纹,在藻体之间充填着亮晶方解石,构成了亮带,共同构成了叠层构造。

(8)第八岩性层($O_2x^{2-8}$)。

此层厚 3.00~5.69 m,平均 3.72 m,位于山体的顶部或近顶部,在地表形成缓坡,由灰黄色薄层状泥质白云岩、泥质灰岩等组成,此层溶蚀形成的网格状孔洞十分发育,孔洞中多充填有红色结晶方解石,此层在地表风化后常形成奇形怪状的观赏石,十分特征,被称为"奇石层",为一良好的标志层,为矿体中第二夹石层($J_3$)。

(9)第九岩性层($O_2x^{2-9}$)。

此层在勘探区内皆出露不全,仅残存于少数几个山顶之上,矿区的最东部 TC33、TC35 所在的长山梁上和矿区南部 TC17 槽山顶上出露较全。厚度 6.80~9.70 m,平均 8.25 m。岩性为灰色厚层状致密块状灰岩局部含花斑。为矿体中第四矿层。

2)上马家沟组($O_2s$)

仅在矿区的最东部 TC33、TC35 长山梁和南部 TC17 号槽山顶及勘探范围内 ZK073~ZK075 的西边山顶上残留有少量上马家沟组下段的灰黄色薄层状泥质白云岩、白云岩,厚度很小,仅几米,之上地层全被风化剥蚀,为矿体的顶板。

### 5.3.2.3 新近系中新统($N_1$)

分布于矿区南部 $F_1$ 断层以南,岩性为灰—灰黑色厚层状砾岩,砾石成分以灰岩为主,另有少量的白云岩及白云质灰岩。砾石砾径一般 2~6 cm,磨圆度较好,多为扁圆状,具有一定的分选性。胶结物为钙质、泥质。

#### 5.3.2.4　第四系(Q)

多分布于沟谷的沟底,或山坡上的低凹地带,岩性为砂质黏土、亚黏土等,厚度很小。

### 5.3.3　构造

本区构造受区域构造所制约,矿区内的褶曲构造简单,多为波状起伏的缓倾斜单斜构造。地层总体倾向南东,倾角5°~15°。与区域地层产状一致。

区内共见有8条断层,皆为正断层。其中规模较大者为$F_1$、$F_2$、$F_3$,构成矿区的外部边界,$F_4$、$F_5$规模较小,位于矿体的西部边部,$F_6$位于矿区的东部,对矿体的破坏不大。$F_7$、$F_8$为矿体边部的次一级小断层,对矿体影响很小。

现就矿区及周边8条断层分述如下:

$F_1$断层:位于矿区的南部卓坡村北—柏尖山一线。区内出露长度2 550 m,断裂总体走向北东东—南西西向,自卓坡村北转向南西250°方向延伸,倾向南东,倾角80°,断裂南盘多为新近系砾岩层,北盘为奥陶系中统下马家沟灰岩地层,为南盘下降、北盘抬升的张性正断层,断距大于100 m,不在此次勘探区内,$F_1$断层为矿区的南部边界。

$F_2$断层:经过邪矿村北东300 m处,走向北西—南东呈疏缓波状,倾向南西,倾角75°,区内长1 300 m,断层上盘北段为上马家沟组中段的厚层灰岩、生物碎屑灰岩。下盘北段为下马家沟组上段$O_2x^{2-7}$的灰岩,地层产状近断层处受断裂影响倾角较陡,可达30°。断裂南盘为下马家沟组地层。为南西盘下降、北东盘抬升的张性正断层。断距最大大于100 m。$F_2$断层为矿区的东部边界。

$F_3$断层(见照片3-5):经过邪矿村南200 m处,走向95°~275°,东与$F_2$断层相交,向西延伸出区外,区内长1 700 m,倾向平均5°,倾角70°~80°,北盘(上盘)为上马家沟组中段生物碎屑灰岩、灰岩,南盘(下盘)为下马家沟组中段灰岩、白云质灰岩、泥灰岩等,断距大于100 m,此断层勘探区内由$fTc_1$和$fTc_2$两个地表工程探槽控制和16个地质点控制。$F_3$断层为矿区的北部边界。

$F_4$断层:从"安凤山"庙南200 m处经过,东起ZK032钻孔(从钻孔岩芯上看,此处断距只有2 m,已趋向尖灭)向西延伸出区外,区内出露长度600多m,走向整体近东西,断层倾向南,倾角70°~80°,断距20~30 m,为一北盘上升、南盘下降的高角度张性正断层。

此断层由一个钻孔(ZK032)两个探槽$fTc_5$、$fTc_6$和5个地质点控制,断层位于勘探区的边部,对矿体有一定的破坏作用。

$F_5$ 断层:位于"安凤山庙"山梁,断层从庙大院中穿过。南起 $F_4$ 断层(与 $F_4$ 断层近于直交),向北交于 $F_8$ 断层。断层呈疏缓波状,走向近南北向,倾向向东,倾角 $80° \sim 85°$,近于直立。西盘为 $O_2x^{2-2}$ 花斑状灰岩;东盘为 $O_2x^{2-3} \sim O_2x^{2-9}$ 的灰岩及泥质白云岩夹层,北部断距小,南部断距大,最大断距不大于 30 m,为一张性正断层,此断层位于矿体的临近西部边界,对矿体的破坏不大,不影响将来开采。

$F_6$ 断层:位于矿体的东部,距 $F_2$ 断层不远,北交于 $F_3$ 断层,向南出勘探区,区内出露长度 800 m。走向 $145° \sim 325°$,倾向北东,倾角 $70°$,资源储量估算时,以此为边界,断层以东此次不予估算。

$F_7$、$F_8$ 断层:位于矿体的西部边界向西出图,断层走向与矿体倾向方向基本一致,断层规模不大,断距很小,且不在此次勘探范围之内,对矿体开采没有直接影响,由 9 个地质点控制,在此不再赘述。

## 5.3.4 风化带

矿区内矿体裸露地表,矿层抗风化能力强,形成陡坎,夹层抗风化能力弱,形成缓坡。根据野外钻孔及地表探槽施工情况证实,一般缓坡夹层风化深度达 3 m 左右,地表常形成钙质土之类的物质,CaO 含量较高,向内趋于正常岩层。风化层对矿床开采没有影响。

## 5.3.5 岩溶

矿区内岩溶不发育。地表及钻探深部没有发现大的溶洞。地表矿层表现为小的裂隙,局部充填有黏土。深部仅在夹层中见有小的呈蜂窝状、网格状的溶蚀孔洞,孔洞内多充填有红色方解石晶体。CaO 含量较高,小溶蚀孔洞对矿床开采没有影响,因其在夹层中,故对水泥生产质量同样没有影响,若有影响,也会因为 CaO 含量的增加,而对水泥生产更加有益。

## 5.3.6 矿体地质

### 5.3.6.1 矿体地质特征

矿体赋存于奥陶系中统下马家沟组上段,矿体为整个下马家沟组上段地层,勘探区内均有分布,矿体裸露地表,区内基本上无覆盖层,矿体风化剥蚀严重,除极少数几个山包保留相对完整外,其他基本上都遭到了不同程度的剥蚀。矿体厚度 $72.35 \sim 80.06$ m,平均 77.43 m,变化系数 5.74%,厚度稳定。

矿体产状平缓,与围岩产状一致,整体倾向南东,平均136°,倾角5°~15°,平均10°左右。矿体顶、底板界线清晰,地貌标志明显,极易区分对比。

矿体为板状,四周以断层为边界,现保留矿体形态类似锥体,底盘大,上部小,村南小庙两边山包相当于锥顶。风化作用形成的沟谷在东西两分水岭以南十分发育(岭北相对平缓),矿体山脊与山沟相间,呈指状分布(分水岭以北矿体类似于手掌,分水岭以南矿体类似于手指)。沟谷切割没有穿透矿体底板,底板保存完好,整个矿体底板相连。

矿层特征:矿体由4个矿层和3个夹石层组成,宏观上分4个陡地形段和3个缓地形段。一矿层为位于第一个陡地形段的下部地层($O_2x^{2-1}$);二矿层由位于第一个陡地形段的上部地层($O_2x^{2-3}$)和第一个缓地形段地层($O_2x^{2-4}$)及第二个陡地形段地层($O_2x^{2-5}$)三个亚层组成;第三矿层为第三个陡地形段地层($O_2x^{2-7}$);第四矿层为第四个陡地形段地层($O_2x^{2-9}$)。第一夹石层($J_1$)为第一个陡地形段中间地层($O_2x^{2-2}$);第二夹石层($J_2$)为第二个缓坡地形段地层($O_2x^{2-6}$);第三夹石层($J_3$)为第三个缓坡地形段地层($O_2x^{2-8}$)。详见表5-4。

表5-4　矿体地貌特征、填图单元及矿层、夹层编号相互关系

| 地貌特征及编号 | 填图单元 | 矿层及夹层编号 | |
| --- | --- | --- | --- |
| 第四陡地形段 | $O_2x^{2-9}$ | 第四矿层 | |
| 第三缓地形段 | $O_2x^{2-8}$ | 第三夹石层 | |
| 第三陡地形段 | $O_2x^{2-7}$ | 第三矿层 | |
| 第二缓地形段 | $O_2x^{2-6}$ | 第二夹石层 | |
| 第二陡地形段 | $O_2x^{2-5}$ | 三亚层 | |
| 第一缓地形段 | $O_2x^{2-4}$ | 二亚层 | 第二矿层 |
| | $O_2x^{2-3}$ | 一亚层 | |
| 第一陡地形段 | $O_2x^{2-2}$ | 第一夹石层 | |
| | $O_2x^{2-1}$ | 第一矿层 | |

注:1. 填图单元系按岩性层划分。

2. 矿层和夹石层是按填图单元及工业指标划分的。

3. 第二矿层由三个亚层组成,矿石的自然类型不同。

第一矿层:位于矿体的下部,矿体的底板仅在西部边界山坡上出露,矿区其他地方底板低于最低侵蚀基准面,皆没出露地表。可见一矿层保存相对完好,矿层厚度 8.34~31.05 m,平均 20.01 m,厚度变化系数 30.1%。

第二矿层:位于矿体的中部,除山沟被剥蚀以外,全区大都有分布。二矿层厚度 16.13~44.60 m,平均 23.74 m,变化系数 28.59%。

第三矿层:位于矿体的上部,三矿层厚度 13.69~15.43 m,平均 14.58 m,变化系数 4.04%。

第四矿层:位于矿体的顶部,大都在山顶上,已遭受严重剥蚀,勘探区内东西向主山脊上几个山包有部分残存,出露厚度 6.80~9.70 m。

### 5.3.6.2 矿石质量

1) 矿石结构构造

矿石的结构构造类型较多,主要为泥晶结构、微晶结构、细晶结构、生物碎屑结构。构造以块状构造为主,花斑状构造也较为常见,其次还有叠层构造、角砾状构造、纹层构造,现分述如下。

a. 矿石结构

(1) 泥晶结构:主要为二矿层 $O_2x^{2-4}$ 中的泥灰岩,主要矿物成分为方解石,含量 98%,褐铁矿 2%。

(2) 微晶结构:为矿石主要结构,主要由微晶方解石组成,含量 94%~100%,粒径 0.016~0.03 mm,呈不规则粒状,相互齿状镶嵌。

(3) 细晶结构:主要为二矿层 $O_2x^{2-4}$ 中的结晶灰岩,岩石几乎全由方解石组成,方解石多为细晶,粒径 0.06~0.25 mm,局部为粗晶结构。

(4) 生物碎屑结构:主要为三矿层中生物碎屑灰岩。岩石由粒屑和胶结物组成,粒屑为瓣鳃动物碎屑,大小 0.5~3 mm,钙质,纤状结构,晶粒结构,壳内被泥晶方解石、亮晶方解石充填,不均匀地分布于泥晶方解石之中,岩石中有一些孔洞和裂隙,被亮晶方解石充填。

b. 矿石构造

(1) 块状构造:为矿石中最常见的构造,矿石多呈致密坚硬性脆的块状。

(2) 花斑状构造:主要在第一矿层($O_2x^{2-1}$)和第二矿层的下部($O_2x^{2-3}$)。主要是矿石发生了白云石化造成的,矿石主要由方解石组成,次为白云石花斑。方解石为泥晶,呈不均匀的定向分布,白云石多为微晶,少为粉晶,呈聚集成一条条、一团团不均匀的定向分布,构成了花斑状条纹。花斑条带一般多平行于层理分布。

(3)叠层状构造:多见于三矿层中的藻灰岩,主要为直管藻及亮晶方解石组成,直管藻藻体呈直管,由泥晶方解石组成,藻体常聚集成暗的条纹,在藻体之间充填着亮晶方解石,共同构成叠层构造,多呈掌状、圆柱状、丘状等形状。

(4)角砾状构造:多见一矿层及二矿层的下部($O_2x^{2-3}$),角砾多呈棱角状—次棱角状,杂乱分布,大小混杂不一,角砾之间为亮晶方解石胶结。

(5)纹层状构造:见于二矿层 $O_2x^{2-3}$ 亚层的顶部,十分特征,一般厚 1 ~ 1.5 m,纹层很薄,根据镜鉴结果认为是岩石发生了轻微的白云石化,形成的少量微晶白云石较为均匀分布,岩石主要组成矿物方解石多为泥晶,部分结晶为微晶,泥晶、微晶常分别聚集成条纹,定向分布,构成了岩石的纹层构造。

2)矿石的矿物成分

矿石的矿物成分比较简单,主要组分为方解石,含量 90% ~ 96%,平均含量 94% 以上。其次为白云石,含量一般 0 ~ 5%,平均 4%。另含微量的褐铁矿、石英等。

3)矿石的化学成分

矿石的主要成分为 CaO、MgO,其他还有 $SiO_2$、$Fe_2O_3$ 等。

根据 30 个钻孔中的数据进行统计,结果表明:除 MgO 含量变化较大外,其他组分 CaO、$SiO_2$、$Fe_2O_3$、$K_2O$、$Na_2O$、$SO_3$、$Cl^-$、MgO、$Al_2O_3$ 极差和变化系数都很小,说明全区含量均匀,详细分述如下:

(1)CaO:是水泥用灰岩矿的有益组分,根据化验分析结果统计,矿层中 CaO 含量多集中在 51% ~ 54% 区间段,51% 的样品占总样品数的 76.47%;单样最高含量 54.98%,最低含量 45.00%,平均含量 52.22%,变化系数 2.06%,说明 CaO 含量十分稳定。

(2)MgO:是水泥用灰岩矿的主要有害成分,根据化学分析结果统计,矿石中 MgO 含量多集中在 0 ~ 1% 区间段,此区间段样品数占总样品数的 51.65%,3.0% ~ 3.5% 区间段的样品数只有 39 个,占总样品数的 7.17%,单样 MgO 最低含量 0.11%,最高含量 3.50%,平均含量 1.18%,变化系数 48.69%,说明 MgO 含量变化较大。

#### 5.3.6.3 矿石类型和品级

1)矿石类型

根据矿石的宏观结构、构造特征,矿石的自然类型可分为致密块状灰岩、花斑状灰岩、结晶灰岩、生物碎屑灰岩。

（1）致密块状灰岩:深灰—灰黑色,风化面为灰白色,岩石致密、坚硬、性脆,具贝壳状断口。矿物成分主要为方解石,含微量的泥质及铁质。

（2）花斑状灰岩:新鲜面灰—灰黑色,风化面为灰白色,掺杂灰色或灰黄色,花斑呈条带状或不规则的云朵状,平行于层面分布,主要矿物成分为方解石,含量大于85%,粒径一般0.04 mm。花斑成分为微晶方解石和白云石组成。

（3）结晶灰岩:位于二矿层中间第二亚层($O_2x^{2-4}$),为灰红色,溶蚀孔洞发育,晶粒结构,块状构造。溶蚀孔洞中含网格状方解石脉,为过饱和的地下水析出结晶方解石晶体所形成。

（4）生物碎屑灰岩:主要位于三矿层($O_2x^{2-7}$)底部及中、下部,灰黑色,生物碎屑结构,块状构造。生物碎屑含量可达10% ~ 20%,呈片状、芝麻粒状。该层灰岩质量最好。

根据矿石的工业用途,其工业类型为水泥用灰岩。

2）矿石品级

矿石按 CaO、MgO、$K_2O$、$Na_2O$ 含量的高低分为Ⅰ级品和Ⅱ级品。

Ⅰ级品:CaO≥48%、MgO≤3.0%、$K_2O + Na_2O$≤0.6%。

Ⅱ级品:CaO≥45%、MgO≤3.5%、$K_2O + Na_2O$≤0.8%。

矿体中矿石样品单样绝大多数为Ⅰ级品,只有极少数样为Ⅱ级品。按厚度8 m加权平均,成层超过8 m仍为Ⅱ级品的矿石,只有一矿层中ZK032 - 25 ~ ZK032 - 30六个样,厚度10.05 m,CaO平均值50.04%,MgO平均值3.45%,其他地方全为Ⅰ级品矿石。

### 5.3.6.4 矿体围岩和夹石

1）矿体围岩

矿体围岩即矿体之顶板岩石和底板岩石。矿体顶板为上马家沟组下段地层($O_2s^1$)。勘探范围之内大都不存在,仅在ZK073 ~ ZK075的西边残留有一小块,其主要岩性为泥质白云岩及白云岩,抗风化能力差,在地表形成平缓的圆顶山包。化学成分为 CaO 33.71% ~ 48.85%,MgO 3.11% ~ 17.99%,不能用于水泥生产。

矿体的底板为下马家沟组下段地层($O_2x^1$)。岩性为中—薄层状的泥质白云岩或白云岩,地表风化后呈淡黄色,钻孔取芯为灰—灰白色,敲击断口参差不齐。主要矿物成分为方解石约 90%,白云石 10%,另含少量褐铁矿。直接底板化学成分 CaO 23.65% ~ 48.75%,平均 39.81%。MgO 0.58% ~ 17.33%,平均 7.35%,地表出露处及钻孔里底板与矿体界线清晰,极易区分。

2)矿体的夹石层

矿体共有三个夹石层,除第一夹石层厚度变化较大外,第二、第三夹石层厚度全区稳定。三个夹石层全区均连续,层位稳定。第二、第三夹石层由于地下水的作用,使其发生了不同程度的矿化作用,部分地方已成了矿石,特别是第三夹石层,整层平均化学成分已接近指标值。在矿区的东部矿化作用强,基本上已矿化成为矿石,在开采阶段,可作为矿石开采。

a. 第一夹石层($J_1$)

第一夹石层位于第一个陡地形段第一、第二矿层之间,填图单元为 $O_2x^{2-2}$,主要岩性为花斑灰岩、灰岩、花斑状白云岩、白云岩、泥质白云岩等。地貌特征上与其上、下矿层界线不明显,与上、下层之间为渐变过渡关系,不易区分,钻孔中以花斑含量及分析结果进行划分,厚度 2.10 ~ 26.10 m,平均 11.35 m,厚度变化系数 48.70%,说明厚度变化较大。

化学成分 CaO 含量 44.06% ~ 49.85%,平均含量 47.37%,变化系数 3.27%;MgO 含量 4.38% ~ 8.68%,平均含量 5.87%,变化系数 18.06%。其他详见表 5-5。

b. 第二夹石层($J_2$)

第二夹石层位于矿体的中部,在第二、第三矿层之间,为第二个缓坡段即 $O_2x^{2-6}$ 地层,主要岩性为泥质白云岩、泥灰岩、泥质白云质灰岩等,厚度 1.64 ~ 5.20 m,平均 3.74 m,厚度变化系数 29.40%。CaO 含量 32.93% ~ 52.30%,平均含量 44.88%,变化系数 12.84%;MgO 含量 0.39% ~ 15.80%,平均含量 5.01%,变化系数 108.38%。

c. 第三夹石层($J_3$)

第三夹石层位于矿体的上部,即第三、第四矿层之间的第三个缓坡段,填图单元为 $O_2x^{2-8}$,主要岩性为泥质白云岩、泥灰岩、泥质白云质灰岩等。厚度 2.00 ~ 5.69 m,平均厚度 3.72 m,厚度变化系数为 38.94%。CaO 含量 36.19% ~ 53.19%,平均含量 45.92%,变化系数 10.07%;MgO 含量 0.46% ~ 15.66%,平均含量 3.63%,变化系数 106.75%。

探明资源储量:(331) + (332) + (333)13 165.008 4 万 t。

表 5-5 夹石层平均厚度、化学成分平均含量、变化系数

| 夹层编号 | 平均厚度(m)/变化系数(%) | CaO(%)/变化系数(%) | MgO(%)/变化系数(%) | SiO$_2$(%)/变化系数(%) | Al$_2$O$_3$(%)/变化系数(%) | Fe$_2$O$_3$(%)/变化系数(%) | K$_2$O(%)/变化系数(%) | Na$_2$O(%)/变化系数(%) | SO$_3$(%)/变化系数(%) | Cl$^-$(%)/变化系数(%) | 烧失量(%)/变化系数(%) |
|---|---|---|---|---|---|---|---|---|---|---|---|
| 三夹层 | 3.72 / 39.94 | 45.92 / 10.07 | 3.63 / 106.75 | 3.96 | 0.59 | 0.53 | 0.29 | 0.029 | 0.030 | 0.008 | 42.02 |
| 二夹层 | 3.74 / 29.40 | 44.88 / 12.84 | 5.01 / 108.38 | 10.48 / 35.06 | 1.68 / 44.20 | 0.72 / 33.14 | 0.77 / 81.05 | 0.061 / 43.06 | 0.030 / 33.92 | 0.006 / 46.89 | 37.56 / 5.88 |
| 一夹层 | 11.35 / 48.70 | 47.37 / 3.27 | 5.87 / 18.06 | 1.78 / 26.43 | 0.32 / 30.71 | 0.24 / 41.68 | 0.16 / 49.94 | 0.175 / 34.33 | 0.037 / 32.37 | 0.013 / 38.02 | 43.55 / 0.93 |

# 5.4 焦作市王窑溶剂灰岩区

## 5.4.1 矿区地质

### 5.4.1.1 地层

　　矿区出露地层以下古生界奥陶系为主,即奥陶系中统上马家沟组、峰峰组。石炭系中统本溪组零星分布。第四系以角度不整合覆盖于不同时代的基岩之上。各地层分布情况见图5-1。

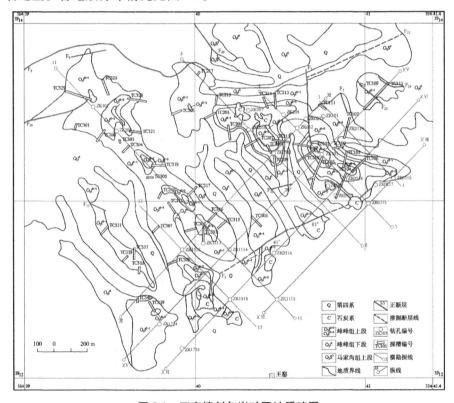

**图 5-1　王窑熔剂灰岩矿区地质略图**

地层沉积序列为:

4.第四系(Q)

　　　　～～～～～～～～～～角度不整合～～～～～～～～～～

3.石炭系中统本溪组(C₂b):底部为铁质黏土岩及山西式铁矿;上部为铁

质黏土岩夹 3~4 层黏土矿,厚 7~15 m。

·······················平行不整合·······················

2. 奥陶系中统峰峰组($O_2f$):分上下两段。上段为厚层灰岩夹薄层泥质白云岩,是本次主要勘探对象,厚度 118.6 m;下段下部为厚层白云岩间夹灰岩,中部为角砾状泥质白云岩,上部为薄层泥质白云岩夹泥质灰岩,厚 90.26 m。

————————————整合————————————

1. 奥陶系中统上马家沟组($O_2s$):仅见上部,为厚层白云岩和厚层石灰岩互层。本区出露厚度为 25.25 m。

### 5.4.1.2 构造

矿区位于太行山台拱与华北断坳的接壤地带,在区域上为一北东向的狭长断块。

本区构造简单,未见大规模的褶皱,仅有一些小的挠曲。地层为一向南东倾斜的单斜层,总体倾向 135°,倾角 5°~20°,与区域地层产状吻合。断裂稍发育,且以高角度的正断层为其特征。规模比较大的断裂多分布于矿区的边部,成为矿区的自然边界,内部断裂一般较小。

## 5.4.2 矿床地质特征

### 5.4.2.1 矿床规模及矿体(层)特征

矿区内地质构造简单,矿体产状平缓,倾角 5°~20°,一般为 10°左右,总体倾向为 135°,与区域地层产状一致。矿体呈巨厚层状产出,层位稳定。由于风化剥蚀作用,矿状形状不太规则,边界参差不齐,其厚度也略受影响。根据矿体产出部位,区内共分三个自然矿层,这三个矿层分别是下矿层、中矿层和上矿层。

1)下矿层

该层分布范围与中奥陶统峰峰组上段第一岩性层($O_2f^{2-1}$)相一致。在正常沉积系列中位于峰峰组上段的下部,它的底板为泥质白云岩和结晶灰岩,顶板为中奥陶统峰峰组上段第二岩性层($O_2f^{2-2}$),层位稳定,与顶、底板界线明显,连接对应关系可靠。矿层厚度因受剥蚀,实为不完全厚度,其厚度自 13.03 m 到 49.89 m,平均 28.79 m,厚度变化系数为 25%。矿层规模巨大,储量约占全区总储量的 61%,其工业储量占全区工业储量的 90%,是本次勘探的主要对象。矿层平均品位:CaO 54.32%,变化系数为 0.7%,以 54.50%~55.00% 区间为最多,频率为 41.31%。MgO 平均含量为 0.70%,变化系数为 41%,以 0~0.5% 占最多,频率为 68.24%。$SiO_2$ 的平均含量为 0.62%,变化系数为39%,以0~0.5%的占多数,频率为47.41%。

矿石类型为砂屑、砾屑隐晶灰岩、含生物碎屑球粒灰岩、隐晶—微晶灰岩、泥晶灰岩等,矿石质量甚佳。

2)中矿层

区内的中奥陶统峰峰组上段第三岩性层($O_2f^{2-3}$)即中矿层。上覆为第四岩性层($O_2f^{2-4}$)的黄色花斑灰岩,下伏为第二岩性层($O_2f^{2-2}$)的泥质白云岩。矿层以其不同的岩性和颜色很易与顶底板区别,界线清楚,层位稳定,呈厚层状产出。

3)上矿层

该矿层与中奥陶统峰峰组上段第五岩性层相当。主要分布在矿区的东部和南部,东部完全裸露地表,因剥蚀其厚度不完全,以残留体处于山顶。南部位于$F_1$断层之南,除极其零星出露外,大部分为黄土所盖。

#### 5.4.2.2 矿石质量特征

1)矿石的矿物成分、结构与构造

组成本区铝氧灰岩矿床的矿石主要为厚层灰岩和少量的灰花斑灰岩与结晶灰岩。其矿物组合比较单一,主要为微晶—隐晶方解石组成,含量为96%~100%,一般在97%左右。其余尚有少量的泥质、石英、白云岩等。方解石的粒径一般为0.01~0.001 mm,结晶程度较差。

矿石的结构,据野外观察,绝大多数矿石为隐晶质结构,少数具有晶质结构。

2)矿石的化学成分及品位变化

根据化学分析和光谱半定量全分析结果,矿石有益组分简单,除组成碳酸盐岩的主要组分$CaCO_3$外,尚未发现其他伴生有益组分。矿石的化学成分有$CaO$、$MgO$、$SiO_2$、$Al_2O_3$、$Fe_2O_3$等。

矿石的有益组分为$CaO$,其含量为25.64%~55.08%,平均含量54.42%。

矿石的主要有害成分为$MgO$和$SiO_2$。本区$MgO$含量是决定矿与非矿的重要组分,其含量全区基本稳定,平均含量为0.54%。

### 5.4.3 矿床成因及找矿标志

本区含矿岩系(中奥陶统峰峰组上段$O_2f^2$)为一套巨厚的碳酸盐岩建造,从其岩石组合、结构构造、化学成分以及生物组合特征分析,该矿床应属滨海—浅海成因。主要依据如下。

### 5.4.3.1　含矿岩系的岩石岩相组合特征

组成本区含矿岩系的岩石全系碳酸盐岩,厚度巨大,主要为石灰岩,少量泥质白云岩。为内源生物碎屑——生物化学沉积。从垂向上分析,下部为结晶灰岩与白云岩,中上部为厚层灰岩,代表一个由浅到深的沉积环境,为一海进旋回。按沉积韵律自下而上可将峰峰组上段($O_2f^2$)分为三层:

(1)$O_2f^{2-1}$层,其岩石组合为:结晶灰岩夹泥质白云岩—泥质白云岩夹薄层灰岩—结晶灰岩—厚层隐晶质灰岩。

(2)由 $O_2f^{2-2}$ 与 $O_2f^{2-3}$ 组成,其岩石组合为:泥质白云岩夹薄层灰岩—结晶灰岩—厚层灰岩。

(3)由 $O_2f^{2-4}$ 与 $O_2f^{2-5}$ 组成,其岩石组合为:黄色花斑灰岩—灰花斑灰岩—厚层灰岩。

韵律的特点是从泥质白云岩到厚层灰岩,均代表一个较次一级的沉积旋回,说明在整个大的海浸过程中,地壳振荡较频繁,曾出现两次较大的升降运动,当地壳上升的末期和海浸的初期,气候较干燥,海水较浅,海水咸化,出现了结晶灰岩和泥质白云岩的沉积,随着海浸的扩大,由滨海变为广阔的浅海,则沉积了巨厚的石灰岩。

### 5.4.3.2　岩石的结构、构造

区内的结晶灰岩具叠层状构造、波状构造,含有机质较高,敲击发出硫化氢气味,为潮间潟湖相的产物。部分具微波状构造和缝合线构造的灰岩,均代表海水较浅、水动力条件较强的滨海环境。

区内部分灰岩具碎屑结构、球粒结构、鲕粒结构等,应属潮间带和潮下带的产物。

广泛分布的微晶灰岩、隐晶灰岩,属沉积环境安静、水动力条件较弱的浅海环境。

从沉积序列上,砂屑、砾屑灰岩一般存在矿层的底部,向上渐变为球粒灰岩和微晶、隐晶灰岩,粒度由粗变细,说明水动力由强变弱,海水由浅变深。

### 5.4.3.3　生物标志

区内的结晶灰岩其原岩为藻灰岩,具叠层状构造,是藻类活动的直接产物。其形态多呈稍连续的上凸状,说明当时的沉积环境为潮间冲刷作用较强的环境。

在矿层的中上部厚层状灰岩中,可见到一些角石和螺类化石,这些头足类和腹足类化石可以充分说明其环境为热带和亚热带,含正常盐分,水深一般为60~140 m 的浅海。

#### 5.4.3.4 化学成分的变化

整个中奥陶统峰峰组上段（$O_2f^2$）化学成分一般较稳定,垂向上,从下向上, CaO 含量渐为升高,MgO 含量由高而低。也说明沉积环境由浅到深的变化趋势。

综上所述,按威尔逊 1975 年碳酸盐沉积理想模式,本矿床从下到上可分为三个相带,即下部为第 8 相带(局限台地),中下部为第 7 相带(开阔台地),中上部为第 2 相带(广海陆棚)。

以上表明,早峰峰期,海浸规模比马家沟期缩小,海水变浅,气候干燥,持续时间较长,为稍闭塞的滨海潟湖环境,含盐度稍高,沉积了一套含泥质的白云岩及泥灰岩,局部可见石膏。晚峰峰期,海浸缓慢,规模不大,但总的仍继承了早峰峰期的沉积环境,地壳振荡频繁,气候仍较干燥,海水咸化,藻类发育,沉积了一套藻灰岩间夹角砾状泥质白云岩、泥质灰岩等。随着时间的推移,海浸扩大,海水流畅,变为正常盐度的滨海环境,气候由干燥渐变为湿润,产生了属滨海潮间带的内碎屑灰岩。以后地壳继续缓慢稳定下沉,气候温暖、湿润,沉积了具浅海特征的水动力条件较弱的厚层微晶灰岩、隐晶灰岩。腹足类、头足类生物也较繁盛。在晚峰峰期整个海浸过程中,经历了两次较大的升降,峰峰组上段第二岩性层及第四岩性层($O_2f^{2-2}$、$O_2f^{2-4}$)分别代表地壳上升,海水变浅时的沉积物。到晚峰峰期末时,海浸规模已达顶峰。中奥陶世以后,华北地台整体上升,结束了奥陶纪的沉积历史。

总之,本区峰峰组上段的沉积环境为:

滨海—浅海—滨海—浅海—滨海—浅海

$O_2f^{2-2}$—$O_2f^{2-3}$—$O_2f^{2-4}$—$O_2f^{2-5}$

奥陶系峰峰组上段($O_2f^2$),石灰岩质纯,CaO 含量比奥陶系其他各组灰岩均高,是优质的冶金辅助原料和化工原料。

探明资源储量 10 931.1 万 t。

# 5.5 焦作市回头山水泥灰岩

## 5.5.1 矿区地质

区内地层呈单斜产出,走向北东—南西,倾向 125°~170°,倾角 8°~20°。断裂构造以小型断裂及裂开为主,主矿段部分大的断裂不发育,$F_{10}$ 断层破坏矿体并形成矿体边界断层。

#### 5.5.1.1 地层

矿区地层较为简单,以奥陶系下统上马家沟组为主,仅在 ZK164 孔附近及 F$_{15}$ 断层以南有小面积石炭系中统本溪组残留。根据岩性特征、沉积旋回及区域对比,区内奥陶系下统进一步划分为二组四段,各组段间均为整合接触。现由老到新简述如下。

1)下马家沟组上段($O_1x^3$)

零星出露于矿区北部边庄—关河一带山脚,未见底,区内最大厚度 70 m。由下而上表现为三个沉积旋回:

(1)第一旋回厚 28.4 m。底部为灰黑色薄层状白云石化微晶灰岩、紫灰色薄层状微晶灰岩,具斜层理。下部为生物碎屑灰岩、生物碎屑球粒灰岩,灰黑色,厚—巨厚层状,中部为灰黄色、深灰色砾屑灰岩。上部为纹层状—薄层状微晶灰岩、白云质灰岩、含鲕粒灰岩白云岩互层。在镜下可见方解石细晶呈细小板条状交织状排列,似为去膏化作用而成。顶部为灰色微晶白云岩,具纹层状构造。

(2)第二旋回厚 18.5 m。底部为厚约 50 cm 的生物碎屑灰岩。生物碎屑以腕足类化石为主,形态各异,大小不一,一般长 1 cm。局部见砾屑,砾石成分为深灰色白云质灰岩,半圆状,大小为 0.8 cm×1.7 cm。下部为灰黑色微晶灰岩、微晶球粒灰岩,巨厚层状,生物碎屑结构、球粒结构,斑状构造。中部为紫灰色厚—巨厚层状微晶灰岩、灰黑色中厚—厚层状微晶灰岩、薄层状含砾屑微晶灰岩组成三个沉积韵律,同下而上韵律厚度由 2.7 m 减薄为 1 m。上部为厚 2.8 m 的纹层—薄层状灰质白云岩、灰黄色砾屑灰岩、深灰色砾屑灰岩。该层风化后成一小缓坡。

(3)第三旋回厚 23.1 m。下部为灰—深灰色厚层同生角砾状灰岩与微晶灰岩组成四个沉积韵律,每一韵律厚约 3.5 m。中部为浅紫灰色厚层状微晶灰岩夹同生角砾状灰岩。上部灰色厚层状灰质白云岩。

2)上马家沟组下段($O_1s^1$)

本段分布于矿区北部、东部山腰或山脚,厚 58~61 m,与下伏下马家沟组上段地层呈整合接触。该段岩石风化后呈缓地形,地面标志明显,是良好的划分对比标志层。

下部为薄层状泥质白云质灰岩、泥灰岩、角砾状泥灰岩(砾屑灰岩)互层,夹紫灰色中厚—厚层状含鲕粒泥质灰岩、微—细晶白云岩。中部以灰黑色角砾状泥灰岩(砾屑灰岩)、纹层状粉晶白云岩为主,夹薄层状泥灰岩、含鲕粒粉—微晶白云岩。上部为灰—深灰色砾屑白云岩、厚层状白云岩,含鲕粒微晶白云岩、纹层状微—细晶灰质白云岩、泥灰岩组成数个沉积韵律。上部韵律中夹微晶灰岩条带,条带厚 5 ~ 10 cm,最厚可达 40 cm。每一韵律顶部泥灰岩层面上常见灰黑色微晶灰岩呈柱状矿物假象,该柱状矿物在岩石中呈不规则团块相对集中分布,大小在 $(1 \sim 2)$ mm × $(4 \sim 8)$ mm,长轴多平行层面分布。

顶部为厚 0.62 ~ 1.45 m 的含黄铁矿泥质白云岩、含泥质白云岩,纹层状构造,顶部可见干裂构造。由于干裂构造发育使岩石貌似砾岩状,"砾石"大小不一,一般 5 ~ 20 cm,最大可达 50 cm × 70 cm。干裂缝宽 2 ~ 10 cm,由灰黑色微晶灰岩充填,干裂缝边部常见宽 2 ~ 5 cm 的细—极粗晶灰岩不规则条带。

该层含黄铁矿泥质白云岩野外标志明显,易于辨认,是良好的分段标志和过矿标志层。

3)上马家沟组中段($O_1 s^2$)

本段为为含矿层,是本次工作的主要对象。本段地层岩性、岩相稳定,厚 70 ~ 80 m,平均厚 76 m,与下伏上马家沟组下段地层整合接触。根据岩性,将本段自下而上划分为七层。

(1)第一层($O_1 s^{2-1}$):厚 8.9 ~ 17.1 m,平均 11.7 m。

底部由含砂屑、砾屑灰岩(厚 0 ~ 20 cm)、灰—深灰色粉晶灰岩、纹层状粉晶灰岩与灰黑色鲕粒灰岩(厚 22 ~ 30 cm)组成。

含砂屑砾屑灰岩,灰—灰黄色,方解石呈浑圆状,粒径 0.05 ~ 0.15 mm,砂屑、砾屑成分为方解石和黏土矿物,浑圆状,一般大小在 $(0.2 \sim 3)$ mm × $(3 \sim 10)$ mm,最大可达 8 mm × 20 mm,长轴平行层面分布。砂屑、砾屑间填隙物为黏土矿物、方解石及绢云母、铁质等,约占 25%。

第一层($O_1 s^{2-1}$)的主体岩性为生物碎屑球粒灰岩,厚一般为 8 ~ 12 m,最厚 15.7 m,平均厚 9.08 m。灰黑色,厚—巨厚层状,生物碎屑结构,球粒状结构。生物碎屑以海百合茎为主,少量角石、腹足类等,具较好的磨圆度和分选性,常相对集中成宽 5 cm 左右的带状分布。球粒多呈椭圆形。粒径在 0.08 ~ 0.2 mm,最大 1.4 mm,由微晶方解石组成,球粒间填隙物为微晶方解石。

(2)第二层($O_1 s^{2-2}$):为下夹层,由深灰色微晶灰质白云岩、白云岩组成,厚度一般为 1.7 ~ 2.3 m,最厚 3 m,平均厚 2.09 m。中厚—厚层状,粒状结构,斑状构造。常见粗—极粗晶方解石晶体呈星散状不均匀分布其中,局部成团块状。本层中干裂构造较发育,断面呈"V"字型,宽 5 ~ 15 cm,长 50 ~ 100 cm,最深可切穿下夹层,平面呈大小不一的环状。干裂缝中的充填物为灰黑色微晶灰岩。下夹层层位稳定,与矿层极易区别,是良好的划分与对比的标志层。

（3）第三层（$O_1s^{2-3}$）：灰黑色生物碎屑球粒灰岩，厚度一般为 30～34 m，最厚 34.90 m，平均厚 32.4 m。巨厚层状，生物碎屑结构、球粒状结构，花斑状构造、蠕虫虫管构造。生物碎屑以海百合、介形虫为主，部分为角石、腹足类，具磨圆度、分选性，常相对集中成宽窄不一的带状分布。角石长轴多平行层面分布，角石最大可长达 20 cm。花斑状构造多见于本层中、下部和顶部，斑块以长条状为主，部分为不规则柱状，多相对集中成带状平行层面分布，风化后突出岩石表面。在单层中，斑状条带常见于岩层上层面附近。

本层中部和上部各发育一层厚约 3 m 的含藻灰岩（叠层石灰岩），中部含藻灰岩中以环状藻常见，部分为波状。上部含藻灰岩中以穹状、掌状、树枝状、圆柱状、球状为主。

本层中常见蠕虫虫管构造，虫管长 1～3 cm，直径 0.1～0.3 cm，最长 20 cm，直径 1～4 cm。虫管横切面呈圆形，纵切面呈锥形。管壁由纤状方解石组成，体腔内充填物为小球粒和生物碎屑。

本层上部局部可见底流冲刷痕迹分布于岩层上层面处，沿岩层倾向成长 5 m 的透镜状，冲刷最深处约 10 cm，向两侧迅速变浅尖灭。冲刷凹坑内充填物为亮晶砾屑、砂屑灰岩及硅化、白云石化生物碎屑微晶灰岩，生物碎屑种类繁多，具很好的磨圆度。硅化作用是在白云石化作用进行之后发生的。

（4）第四层（$O_1s^{2-4}$）：为上夹层，深灰色含灰质粉晶白云岩，厚度一般为 1.4～2.9 m，最厚 3.8 m，平均厚 2.3 m。中厚—厚层状，粉晶结构、交代残余结构，局部见纹层—条带状构造。常见粗—极粗晶方解石晶体呈星散状分布其中，局部成 50 cm×80 cm 的团块状。

上夹层与下伏生物碎屑灰岩呈渐变过渡，渐变带一般厚 5～15 cm。最厚 40 cm，由白云岩化生物碎屑灰岩组成，花斑状构造。

上夹层层位稳定，新鲜面灰—深灰色，中厚—厚层状不含或极少见生物碎屑。风化面深灰色，表面粗糙，因此极易识别，是良好的划分和对比标志层。

（5）第五层（$O_1s^{2-5}$）：灰黑色生物碎屑灰岩，厚度一般为 11～15 m，最厚 18.2 m，平均厚 13.9 m。厚—巨厚层状，生物碎屑结构、微晶结构，块状构造。花斑状构造多见于本层中部，相对集中在宽 0.4～1.02 m 的带中，形成白云石化微晶灰岩或白云石化生物碎屑灰岩。生物碎屑以海百合常见，上部含丰富的扭月贝碎屑及少量三叶虫、角石等，顶部可见生物钻孔构造及管状藻灰岩。

（6）第六层（$O_1s^{2-6}$）：由灰质微晶白云岩及白云石化生物碎屑灰岩组成，厚度一般为 1.9～2.7 m，最厚 4.8 m，平均厚 2.3 m，为矿层直接顶板。岩石呈灰—深灰色，厚层状，交代残余结构，块状构造、花斑状构造。风化后呈深灰色,风化面呈凹凸不平状,极易识别。该层层位稳定与下伏矿层界线清楚,标志明显,是良好的地层划分和对比标志层。

(7)第七层($O_1s^{2-7}$):生物碎屑灰岩与白云岩化生物碎屑灰岩互层,厚度一般为 10～13 m,最厚 13.7 m,平均厚 11.8 m,为矿层间接顶板,岩石呈灰黑色,厚—巨厚层状、生物碎屑结构,交代残余生物碎屑结构,块状构造、花斑状构造、缝合线构造。生物碎屑含量较少,以海百合及腹足、腕足类等常见,在岩石中常相对集中成团块状分布。本层中花斑状构造较发育,常相对集中成团块状或条带状沿一定层位分布,形成了 1～3 个 MgO 值高含量层,成为矿层间接顶板。

本层顶部为厚 1.3～2 m 的白云质微晶灰岩,灰黑色,厚层状,隐晶—微晶结构,块状构造,局部见斑状构造。

为了研究含矿系地层沿走向、倾向变化规律,我们制作了含矿岩系柱状对比图。由图上可以看出,区内含矿岩系各岩性层厚度、岩性变化均不大,属稳定岩系。

4)上马家沟组上段($O_1s^3$)

本段为矿层盖层。由于风化剥蚀,多成厚薄不等的残留体状分布于矿层之上,一般厚 0～20 m,区内见最大厚度 57 m。与下伏上马家沟组中段地层整合接触。根据岩性、岩相和沉积旋回特征将其分为两个亚段。

(1)下亚段($O_1s^{3-1}$):厚 35.8～38.0 m,由南向北略有加厚趋势。

底部为含灰质粉晶白云岩,厚 3.6～4.7 m。深灰色,中厚层状,粉晶结构、交代残余结构,缝合线构造。本层风化后常呈一缓坡,风化色深灰,与下伏地层易于区别。其顶部局部见干裂构造。此层之上地层由三个沉积旋回组成。

第一旋回厚 18.0 m。底部为厚 0.5～0.9 m 的灰黑色含生物碎屑球粒灰岩,中—厚层状,含生物碎屑球粒结构,块状构造。生物碎屑以腹足类为主,海百合次之,多分布于岩层上层面附近。下部为厚 9.1～9.7 m 的深灰色含灰质粉晶白云岩,厚层状,粉晶结构,交代残余结构,块状构造,风化后呈一陡壁。中部为厚 2.4～2.8 m 的灰黑色白云质微晶灰岩、含生物碎屑微晶灰岩,纹层—薄层状,与下伏地层呈渐变过渡。生物碎屑以腹足类、角石、海百合等常见,多分布于岩层上层面附近。上部为厚 5.3 m 的深灰色灰质粉晶白云岩,薄层—纹层状。顶部见含藻白云岩及较发育的龟裂构造。

第二旋回厚 1.05 m。底部为厚 1.1～3.8 m 的灰黑色生物碎屑灰岩,生物碎屑结构,块状构造。生物碎屑以海百合为主,角石、腹足类等次之,常相对集中成带状分布。下部为厚 2.4 m 的灰质粉晶白云岩,纹层状,夹宽窄不同的微晶灰岩透镜体或条带。沿走向和倾向,微晶灰岩条带与纹层状灰质粉晶白云岩互为相变。中部为厚 3.1 m 的深灰色粉晶白云岩,厚层状,缝合线构造极发育,常将岩层"切割"成中厚层状。上部为厚 3.9 m 的薄层—纹层状粉晶白云岩、隐晶—微晶白云质灰岩、灰质白云岩及微晶—粉晶灰岩互层,夹角砾状泥灰岩。顶部纹层白云岩中常见龟裂构造。

第三旋回厚 3.5 m。底部为厚 1.4~1.8 m 的灰黑色生物碎屑灰岩,厚层状,生物碎屑结构。生物碎屑以海百合、腹足类常见。下部为深灰色灰质白云岩,中层状,顶面见同生角砾。中部为灰色薄层—纹层状灰质白云岩。上部为灰色灰质白云岩,厚层状。顶部常见干裂构造。

(2)上亚段($O_1s^{3-2}$):主要分布于 24 线及 16~18 线南部,未见顶,最大厚度 21.6 m,由两个沉积旋回组成。

第一旋回厚 13.5 m。底部为厚 0.6 m 的灰色薄层—纹层状粉晶灰岩、紫红色微晶灰岩、深灰色微晶灰岩互层。下部为灰白—深灰色粉晶灰岩,含鲕粒微晶灰岩,厚层状。中部为灰黑色生物碎屑灰岩(与下部岩石共同组成 $L_5$ 灰岩)厚—巨厚层状,生物碎屑结构,蠕虫虫管构造、块状构造。生物碎屑以海百合、腹足类、角石为主。$L_5$ 灰岩厚 6.0~7.4 m,最厚 9.3 m,由东北向西南略有加厚趋势,由于 $L_5$ 灰岩质量较好,可作水泥灰岩利用,故野外填图时单独圈定。上部为深灰色中厚层状灰质白云岩、纹层状灰质白云岩夹微晶灰岩条带、角砾状泥灰岩。

第二旋回下部为灰黑色生物碎屑灰岩,厚层状,生物碎屑结构,块状构造,生物碎屑以海百合常见。上部为灰色灰质白云岩,中厚层状。

5)石炭系中统本溪组($C_2b$)

零星分布于矿区外围 $F_{15}$ 断层东南,沉积于奥陶纪地层侵蚀面上,其间为平行不整合接触,出露面积最大为 200 m×250 m。主要由铁质黏土岩、紫红色石英砂岩、山西式铁矿杂乱堆积而成,厚度不详。

在 ZK164 工程附近亦有零星分布。出露面积 25 m×25 m。

6)第四系(Q)

零星分布于沟谷之中,主要由近代河床堆积及冲洪积砂、砾石等组成,局部为黄土状亚砂土。

## 5.5.1.2 构造

区内地层呈单斜产出,倾向 125°~170°,平均 143°,倾角 8°~20°。仅在局部地段受断层影响地层产状略有改变,倾向北西,倾角 5°~45°。呈挠曲形态。

区内构造以断裂构造为主,共发育不同规模大小的断裂16条,断裂性质均为正断层。

## 5.5.2 矿体规模及形态

水泥灰岩矿体赋存于奥陶系下统上马家沟组中段第一层至第五层($O_1s^{2-1}$ ~ $O_1s^{2-5}$)厚层灰岩中,为一东西长约2 400 m、南北宽600 ~ 1 000 m的一个板状矿体。在04线至08线之间,由于剥蚀作用,矿体底板出露,致使一个矿体分为大小悬殊的两个矿段,南西为主矿段,占全区矿石总储量的96.5%,北东为小回头山矿段,规模较小。

主矿段分布在06线至24线,东西长约1 900 m、南北宽600 ~ 1 000 m,由于矿区地层基本上为一单斜岩层,矿体产状与岩层产状一致,为一走向北东,向南东方向倾斜,倾角8° ~ 20°的厚约60 m,形态较为规整的板状矿体。北部边界处矿体底板标高一般在 +310 m左右,南部底板标高 +200 m左右,最低 +175.9 m,由于受南部断层的影响,矿体产状在断层附近略有变化,呈挠曲的形态。具33个见矿体顶底板工程的统计,矿体厚度为52.07 ~ 64.27 m,平均58.77 m,厚度变化系数仅5.4%,说明矿体厚度很稳定,局部矿体上部因受剥蚀作用,勘探工程见矿厚度较小,如ZK143仅余22.93 m。

矿体厚度沿走向变化很小,以Ⅱ纵线为例,厚度在58.24 ~ 63.92 m,平均60.80 m,变化系数3.3%,沿倾向的变化也不大,以16勘探线为例,厚54.87 ~ 62.60 m,平均厚58.84 m,变化系数6.6%。

## 5.5.3 矿石质量特征

### 5.5.3.1 矿石的矿物成分

矿石中主要矿物为方解石,含量一般都大于80%,平均含量94%以上;其次为白云石,含量一般0 ~ 5%;泥质、铁质和石英微量。

### 5.5.3.2 矿石结构构造

矿石的结构构造类型较多,主要为生物碎屑结构和球粒结构,其次为藻黏结结构、粉晶结构、鲕状结构。构造以块状构造为主,花斑状构造也较为常见,其次还有缝合线构造、叠层构虫孔构造、微层构造等。

### 5.5.3.3 矿石的化学成分

矿石中有益有害组分的含量情况如下:

CaO含量一般51% ~ 53%,最低含量48.10%,最高含量54.97%,平均含量 53.21%；MgO 含量一般 0.5% ~ 1.0%，最低含量 0.08%，平均含量 0.75%；$SiO_2$ 含量一般 1% ~ 3%，最高含量 6.88%，平均含量 2.05%。$SiO_2$ 一般为矿石中的泥质，个别样品因受裂隙中充填的泥质影响而较高。

矿石中其他组分的含量：$SO_3$ 平均 0.018%，$Al_2O_3$ 平均 0.32%，$Fe_2O_3$ 平均 0.14%；烧失量平均 42.91%；据 190 个光谱分析结果，矿石中除 Sr 含量 0.05% ~ 0.1%、Ti 含量 0.005% ~ 0.02%、Mn 含量 0.01% ~ 0.03%，其他元素都低于仪器灵敏度。

### 5.5.4　矿床成因

#### 5.5.4.1　上马家沟组下段（$O_1s^1$）

本段主要由角砾状泥灰岩、薄层状泥灰岩、泥质白云质灰岩组成，夹紫红色含鲕粒粉—微晶白云岩、微晶—细晶白云岩，岩石多呈薄层状—纹层状，常见龟裂构造，偶见由于盐类物质流失而成的蜂窝状构造。上部灰岩夹层中见海百合等生物碎屑。顶部含黄铁矿泥质白云岩干裂构造尤为发育，使岩石外观呈"砾岩"状。以上特征说明本段形成于浅海边缘潮上带环境，后期夹有短暂的潮间带沉积。

#### 5.5.4.2　上马家沟组中段（$O_1s^2$）

本段为含矿岩系。主要由生物碎屑球粒灰岩、生物碎屑灰岩组成，夹微—粉晶灰质白云岩薄层，底部由含砂屑、砾屑灰岩、粉晶灰岩、鲕状灰岩组成。

本段底部的含砂屑、砾屑灰岩厚 0 ~ 20 cm；鲕状灰岩厚 20 ~ 30 cm，鲕粒间填隙物为亮晶白云石、方解石，基底型胶结，为海浸初期高能环境的沉积物。粉晶灰岩常呈纹层状、微层状，不含生物化石，为低能环境沉积物，代表了海浸初期低能潮间环境。

#### 5.5.4.3　上马家沟组上段下亚段（$O_1s^{3-1}$）

本段主要由厚层状含灰质微晶白云岩、纹层状粉晶白云岩、微晶白云质灰岩、生物碎屑灰质组成。

本亚段底部的含灰质白云岩为与中段（$O_1s^2$）中第四次沉积环境交替的潮间带沉积。上部的生物碎屑球粒灰岩—含灰质微晶白云岩组成第五次沉积环境交替。由沉积物厚度推测，此时潮下带环境保持时间较短（仅沉积了厚 0.5 ~ 0.9 m 的生物碎屑球粒灰岩），而潮间带环境保持时间较长（沉积了厚 9 m 左右的含灰质微晶白云岩）。

探明资源储量 20 330.0 万 t。

# 第6章 豫北地区石灰岩矿资源概况

## 6.1 主要矿区资源储量基本情况

豫北地区的石灰岩资源丰富,主要分布于沿太行山区的济源市、博爱县、焦作市、修武县、新乡市、鹤壁市、安阳市境内。

石灰岩的主要赋存层位为奥陶系中统上马家沟组及峰峰组,其次为寒武系中统张夏组、石炭系上统太原组地层中,属浅海相沉积型矿床,严格受层位和岩性控制。含矿岩系规模大,矿层稳定,品位变化小,矿体形态规则,构造简单。主要的含矿层位有三组五层,自下而上分别为:寒武系中统张夏组中段、奥陶系中统上马家沟组中段、上段及峰峰组上段。

截至 2010 年底,豫北地区累计完成了 25 个矿区的勘查工作,已作过普查勘探工作的有行口、馒头山、交口、九里山、回头山、王窑、冯营、洼村、鹤壁市邪矿水泥灰岩矿、台道、新庄沟、五家台、高岭等,累计探明资源储量 92 556 万 t(见表 6-1),保有储量 62 亿 t。境内预计远景储量可达 50 亿 t 以上。区内含矿层位稳定,分布广、厚度大,质量好,可作冶金、建材、化工、水泥原料等。

在构造上主要为奥陶纪灰岩,分布地域广阔,矿体富,厚度可达 400 m,CaO 平均含量在 51% ~53%,杂质和有害成分较少,质量较优。储量约 1 亿 t 及以上的矿山主要有安阳李珍水泥灰岩矿、安阳青峪水泥灰岩矿、鹤壁西鹿楼水泥灰岩矿、新乡十字岭水泥灰岩矿、焦作市王窑溶剂灰岩矿、焦作柿园水泥灰岩矿、回头山水泥灰岩矿、焦作柿园水泥灰岩矿、鹤壁邪矿水泥灰岩矿、卫辉市豆义沟水泥灰岩矿等是河南省豫北地区主要石灰岩产地。该地区主要水泥厂有鹤壁同力水泥有限公司(生产能力 200 万 t/a)、新乡水泥厂、焦作水泥厂、新乡孟电集团水泥厂(生产能力 100 万 t/a)。

表6-1 豫北地区主要石灰岩矿区（床）资源储量基本情况

| 序号 | 矿区编号 | 矿区名称 | 矿产名称 | 矿产组合 | 地质勘查工作程度 | 开发利用情况 | 矿区（床）规模 | 品位单位 | 平均品位 | 资源储量单位 | 储量 | 基础储量 | 资源量 | 资源储量 |
|---|---|---|---|---|---|---|---|---|---|---|---|---|---|
| 1 | 410801033 | 焦作市王窑熔剂用灰岩矿区 | 熔剂用灰岩 | 单一矿产 | 详细勘探 | 正在开采 | 大型 | % | 54.24 | 矿石万t | 3 613.5 | 4 015.0 | 6 916.1 | 10 931.1 |
| 2 | 410801034 | 焦作市冯营熔剂用灰岩矿区 | 熔剂用灰岩 | 单一矿产 | 详细勘探 | 正在开采 | 中型 | % | 54.08 | 矿石万t | 3 925.8 | 4 362.0 | 613.0 | 4 628.0 |
| 3 | 410801031 | 焦作市九里山水泥用灰岩矿区 | 水泥用灰岩 | 单一矿产 | 详细勘探 | 闭坑 | 小型 | % | 54.53 | 矿石万t | | | | 990 |
| 4 | 410821003 | 修武县洼村水泥用灰岩矿区 | 水泥用灰岩 | 单一矿产 | 初步勘探 | 正在开采 | 小型 | % | 52.89 | 矿石万t | | | 557.0 | 557.0 |
| 5 | 410821004 | 修武县回头山水泥用灰岩矿区 | 水泥用灰岩 | 单一矿产 | 详细勘探 | 未利用 | 大型 | % | 53.21 | 矿石万t | 12 553.0 | 13 948.0 | 6 382.0 | 20 330.0 |
| 6 | 410821005 | 修武县交口水泥用灰岩矿区 | 水泥用灰岩 | 单一矿产 | 详细勘探 | 正在开采 | 中型 | % | 53.30 | 矿石万t | 2 940.0 | 3 266.0 | 1 050.0 | 4 316.0 |
| 7 | | 修武县台道水泥用灰岩矿区 | 水泥用灰岩 | 单一矿产 | 详细勘探 | 未利用 | 中型 | % | | 矿石万t | 3 390.0 | 3 767.0 | 827.0 | 4 594.0 |

| 序号 | 矿区编号 | 矿区名称 | 矿产名称 | 矿产组合 | 地质勘查工作程度 | 开发利用情况 | 矿区(床)规模 | 品位单位 | 平均品位 | 资源储量单位 | 储量 | 基础储量 | 资源量 | 资源储量 |
|---|---|---|---|---|---|---|---|---|---|---|---|---|---|---|
| 8 | | 焦作市高岭水泥用灰岩矿区 | 水泥用灰岩 | 单一矿产 | 详细普查 | 已利用 | 小型 | | | 矿石万t | | | 1 184.0 | 1 184.0 |
| 9 | 410822006 | 博爱县馒头山水泥用灰岩矿区 | 水泥用灰岩 | 单一矿产 | 详细勘探 | 已利用 | 中型 | % | 53.09 | 矿石万t | 2 586.0 | 2 873.0 | 1 844.0 | 4 717.0 |
| 10 | 410824004 | 沁阳市西向镇行口水泥用灰岩矿区 | 水泥用灰岩 | 单一矿产 | 详细勘探 | 已利用 | 中型 | % | 50.20 | 矿石万t | 2 147.0 | 2 386.0 | 427.0 | 2 813.0 |
| 11 | | 修武县新庄沟水泥用灰岩矿区 | 水泥用灰岩 | 单一矿产 | 普查 | 未利用 | 中型 | | | 矿石万t | | | 2 231.0 | 2 231.0 |
| 12 | | 修武县五家台水泥用灰岩矿区 | 水泥用灰岩 | 单一矿产 | 普查 | 未利用 | 大型 | | | 矿石万t | | | 14 029.0 | 14 029.0 |
| 13 | 410821008 | 焦作市柿园水泥用灰岩矿区 | 水泥用灰岩 | 单一矿产 | 详细勘探 | 未利用 | 大型 | % | 53.00 | 矿石万t | 7 970.0 | 9 963.0 | 15 727.0 | 25 690.0 |

续表6-1

| 序号 | 矿区编号 | 矿区名称 | 矿产名称 | 矿产组合 | 地质勘查工作程度 | 开发利用情况 | 矿区(床)规模 | 品位单位 | 平均品位 | 资源储量单位 | 储量 | 基础储量 | 资源量 | 资源储量 |
|---|---|---|---|---|---|---|---|---|---|---|---|---|---|---|
| 14 | | 焦作市合堆后水泥用灰岩矿区 | 水泥用灰岩 | 单一矿产 | 详细勘探 | 正在开采 | 大型 | % | 53 | 矿石万t | | | 39 905.0 | 39 905.0 |
| 15 | | 安阳李珍 | 水泥用灰岩 | 单一矿产 | 详细勘探 | 正在开采 | 大型 | % | 50.0~54.0 | 矿石万t | | | | 9 611 |
| 16 | | 安阳青岭 | 水泥用灰岩 | 单一矿产 | 详细勘探 | 正在开采 | 大型 | % | 52.5 | 矿石万t | | | | 12 000 |
| 17 | | 鹤壁丙庭楼 | 水泥用灰岩 | 单一矿产 | 详细勘探 | 正在开采 | 大型 | % | 48.0~52.0 | 矿石万t | | | | 9 078.11 |
| 18 | | 鹤壁邪矿 | 水泥用灰岩 | 单一矿产 | 详细勘探 | 正在开采 | 大型 | % | 52.0~54.0 | 矿石万t | | | | 13 165 |
| 19 | | 新乡豆义沟 | 水泥用灰岩 | 单一矿产 | 详细勘探 | 正在开采 | 大型 | % | 54.5 | 矿石万t | | | | 14 556.5 |
| 20 | | 新乡十字岭矿 | 水泥用灰岩 | 单一矿产 | 详细勘探 | 正在开采 | 大型 | % | 52.0 | 矿石万t | | | | 16 000 |
| 21 | | 卫辉市豆义沟 | 水泥用灰岩 | 单一矿产 | 详细勘探 | 正在开采 | 大型 | % | 52 | 矿石万t | | | | 17 960.9 |
| 合计 | | | | | | | | | | 矿石万t | | | | 92 556 |

资料来源:据河南省地矿局第二地质矿产调查院资料。

# 6.2 水泥用灰岩矿资源情况

资源丰富,远景可观。至 2007 年底,豫北地区水泥灰岩资源储量 215 662 万 t,产地 46 处,其中大型( >5 000 万 t)9 处,中型(1 000 万~5 000 万 t)10 处,小型( <1 000 万 t )27 处。已勘探的矿区 34 处,开发利用产地 41 处,目前豫北地区正在进行地质工作的水泥灰岩矿区 3 处。

水泥灰岩主要产于寒武系中统张夏组,奥陶系中统马家沟组、峰峰组,其次产于石炭系、第三系及前寒武系大理岩中,一般层位稳定,规模大。

张夏组水泥灰岩为青灰色,具鲕状豆状结构。主要化学成分:CaO 48%~51%,MgO <2%。该层灰岩在豫北地区分布稳定。

马家沟组、峰峰组的水泥灰岩为灰—灰蓝色的纯灰岩,有时夹蠕虫状和豹皮状灰岩,质量稳定较纯,主要化学成分:CaO 含量 52%~54%,MgO 含量 <1%。绝大部分矿区水文地质条件简单,易于露采,是主要层位之一。此层灰岩有的用于熔剂及化工工业,或可作饰用板材。

石炭系水泥灰岩为灰—灰黑色厚层状灰岩,主要化学成分:CaO 含量 50%~52%,MgO 含量 <2%,个别地区的 MgO 或 $Fe_2O_3$ 含量较高。质纯的除作水泥原料外,还可用作化工灰岩或饰用大理岩。

奥陶系灰岩主要分布于豫北沿太行山区,在上述地层中均可能找到符合工业要求的矿床。目前已探明的产地,集中分布于济源—博爱、新乡—焦作、鹤壁—安阳等地。

区内水泥灰岩分布广泛,出露地表,矿石结构简单,矿层厚度大且稳定,矿石品位高,仅沁阳行口水泥灰岩矿区矿石 CaO 含量为 50.2%,MgO 含量低于 2.71%,其他矿区矿石中 CaO 含量均高于 52%,MgO 含量低于 1.5%,均为良好的水泥用灰岩。矿区水文地质条件简单,构造不发育,可进行大规模的露天开采。修武县回头山水泥灰岩为本区最大的水泥灰岩矿区,总资源储量 20 330 万 t,其中基础储量(经济的)13 948 万 t,资源量 6 382 万 t,矿石质优量大,CaO 含量平均为 53.21%,MgO 含量平均为 0.75%,部分 CaO 含量达到熔剂灰岩标准,可作为熔剂灰岩用的矿石基础储量有 7 457 万 t。矿层厚 50.07~64.27 m,埋深 0~60 m,矿区水文地质条件简单,可进行大规模露天开采。

水泥灰岩是豫北地区储量最大的优势矿产,分布广、质量优,为发展大型水泥骨干企业、生产高强度等级的水泥提供了良好的资源基础。随着豫北地区旅游景区的建设和生态环境建设的要求,部分矿区将被禁采,扣除禁采矿区及部分矿区禁采范围内的资源储量,实际保有基础储量(经济的)仅剩171 768万t。从总量来看,完全可以满足市场需求,但是,由于目前境内大部分水泥企业尚无自备的矿山基地,随着矿业组织结构的逐步调整完善以及矿业权市场的建立,许多中小型灰岩企业仍将会出现资源短缺问题,而急需勘查新的资源基地,以满足自己近远期资源的有效供给保障。

# 6.3　熔剂用灰岩矿资源情况

区内熔剂灰岩矿区,矿石质量好,CaO 含量在 54% 以上,有害组分含量低,属普通特级品,是理想的冶金原料。矿体均出露地表,结构简单,含夹层少,矿层厚度大且稳定,最厚达 50 m,矿体倾角小,近于水平,产状变化小,矿区水文地质条件简单,小构造不发育,开采条件良好。区内最大的熔剂灰岩有修武王窑、焦作冯营两个矿区,累计探明资源储量 15 776 万 t,矿石质优量大,均为普通特级品,两个矿区矿体埋深分别为 0~13.83 m、0~8 m,水文地质条件简单,开采条件好,可进行露天规模开采。

# 6.4　建筑用灰岩矿资源情况

建筑用灰岩是工民用建筑和铁路、公路、水利建设的重要原料,CaO 含量在 38% 以上,有害组分含量较高的石灰岩矿,主要为灰质白云岩、白云质灰岩、白云岩等,矿体均出露地表,结构简单,含夹层较多,该类石灰岩矿床在豫北地区分布广泛,资源量巨大。

# 第7章 石灰岩矿床水文地质条件及工程地质技术条件

## 7.1 矿床水文地质条件

　　豫北地区地处太行山脉与豫北平原过渡地带,属暖温带大陆性气候,地表水系比较发育,河流纵横,分属黄河、海河两大流域。综观全区地形,西北高、东南低,地貌类型齐全;区内出露地层主要有太古界变质岩、震旦系石英砂岩、寒武系和奥陶系碳酸盐岩、石炭系和二叠系煤系地层、三叠系页岩、新近系砂岩和泥岩、第四系黄土;该区处于太行山东麓—太行山隆断带边缘,区内广泛发育燕山运动以来所生成的多种构造形迹,多以高角度正断层为主,根据构造形迹及其生成关系和空间展布特征大致可分为东西向构造体系、山字型构造体系、新华夏构造体系及北西向构造体系。灰岩矿区主要含水岩组为碳酸盐岩裂隙岩溶水,含水层岩性为奥陶系中下统灰岩,构造裂隙及岩溶发育,其次为碎屑岩夹碳酸盐岩裂隙岩溶水,主要分布在石炭系砂岩和灰岩互层。

## 7.2 工程地质技术条件

### 7.2.1 矿层岩石的稳固性

#### 7.2.1.1 矿层的物理力学指标

　　豫北地区石灰岩矿层赋存于奥陶系中统($O_2$),分为下马家沟组和上马家沟组,以下马家沟组地层为主。

　　下马家沟组分为上、下两段,矿体即赋存于上段,是矿区的主要出露地层,共包括四层矿,岩性为厚层状灰岩、花斑灰岩、生物碎屑灰岩,岩石坚硬,稳固性较好。

#### 7.2.1.2 裂隙对矿层稳固性的影响

　　矿层内裂隙一般发育,靠近断层或岩石有临空面时,可见因断层作用形成的张裂隙或因重力作用形成的卸荷裂隙,裂隙宽度可达 5 ~ 20 cm 不等,一般为砾石、黄土充填或无充填,断裂或临空面形成的裂隙局部破坏了矿层岩体的稳定性。整个矿区地表裂隙较不发育,且多为紧闭裂隙,大多紧闭裂隙为方解石脉充填,根据对地表裂隙的统计,裂隙走向共有两组,方向分别为北东东及北北东,裂隙率为 0.11% ~3.9%,图 7-1 为根据统计结果所作的裂隙玫瑰花图。

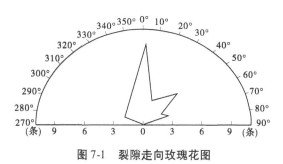

**图 7-1  裂隙走向玫瑰花图**

从图 7-1 上可以看出,矿层主要裂隙走向为北北东向。裂隙张开度小,多为方解石脉充填,发育深度不大,延伸不远,故对岩石的稳固性影响不大。

## 7.2.2  夹层岩石的稳固性

豫北地区石灰岩矿区矿层内共有 3 ~4 个夹石层,其中第一夹石层一般为厚层状白云岩、灰质白云岩,花斑状灰质白云岩,岩石坚硬,节理裂隙不发育。其抗压强度为 70 ~130 MPa,属坚硬岩类,稳固性较好。

第二、第三夹石层为薄层状灰质白云岩,含泥质灰质白云岩、结晶灰岩。易风化,其抗压强度为 10 ~40 MPa,属较软岩类,稳固性较差。

## 7.2.3  矿层顶、底板岩石的稳定性

豫北地区大多数灰岩矿区矿层顶板为奥陶系中统上马家沟组第一岩性段($O_2s^1$)。岩性为薄层状白云质灰岩及灰岩,岩石抗压强度较大,岩石的稳定性较好。

矿层底板为奥陶系中统下马家沟组第一岩性段($O_2x^1$),岩性为灰黄色薄层状灰质白云岩夹灰黄—灰绿色灰质页岩,其单轴抗压强度小于 60 MPa,属较软岩类,稳定性较差。

# 7.3 石灰岩矿区工程地质及岩矿石物理力学特征

区内所采矿石及所有矿区矿体均赋存于山区坚硬裂隙岩石中,其底板均位于地下水位以上,沟谷有利于排泄进入露天采场的降水,故属水文条件简单的矿床类型。顶底板围岩抗压强度测试指标如表7-1所示。

**表7-1　豫北地区焦作某石灰岩矿区岩矿石物理力学试验结果**

| 物理力学指标 | 灰岩<br>(矿层) | 生物碎屑<br>灰岩 | 白云岩<br>(顶板) | 白云岩<br>(底板) | 泥质<br>白云岩 |
|---|---|---|---|---|---|
| 抗压强度(MPa) | 148.5 | 119.6 | 182.0 | 230.6 | 117.4 |
| 内摩擦角(°) | 58.5 | 54.5 | 60 | 61.5 | 63 |
| 干容重(g/cm$^3$) | 2.7 | 2.68 | 2.71 | 2.76 | 2.59 |
| 孔隙度(%) | 0.36 | 1.80 | 1.50 | 3.10 | 3.10 |
| 比重(g/cm$^3$) | 2.71 | 2.78 | 2.75 | 2.85 | 2.82 |
| 含水率(%) | 0.06 | 0.21 | 0.23 | 0.37 | 0.19 |
| 吸水率(%) | 0.31 | 0.43 | 0.43 | 1.69 | 4.21 |

# 第8章 石灰岩矿综合开发利用研究

石灰石是冶金、建材、化工、轻工、农业等部门的重要工业原料。随着钢铁和水泥工业的发展,对石灰石的需求将进一步增加。目前,水泥产量庞大,每年需开采用于水泥制品的石灰石要几十亿吨以上。预测到 2015 年,全国水泥产量将达到 25 亿 t,这将需要开采更多的石灰石作原料。此外,冶金、化工等方面对石灰石的需求也很大。因此,石灰石工业的生产发展前景广阔,为了使石灰石产品具有更大的增值效益,开拓石灰石深加工产品是今后一个发展方向。

## 8.1 水泥灰岩的深加工及应用

生产水泥的天然原料主要为石灰质原料(石灰岩、大理岩等),占原料组成的 70% ~90%,配料为黏土质原料、硅质原料及铁铝质原料等。水泥生产是将原料破碎、预均化、配料,经粉磨后制备成生料,入回转窑或立窑中煅烧而成水泥熟料,熟料经粉磨后加入石膏和不同的混合材,可生产不同品种的水泥。中国生产的各种普通水泥占总产量的 90% 以上,其他特种水泥品种有油井水泥、中低热水泥、白水泥、铁铝酸盐水泥等。

硅酸盐水泥熟料的有益成分主要为 $CaO$、$SiO_2$、$Al_2O_3$、$Fe_2O_3$,有益成分形成熟料中的硅酸三钙($3CaO \cdot SiO_2$)、硅酸二钙($2CaO \cdot SiO_2$)、铝酸三钙($3CaO \cdot Al_2O_3$)、铁铝酸四钙($4CaO \cdot Al_2O_3 \cdot Fe_2O_3$)四种矿物。$CaO$ 主要来自石灰质原料,$SiO_2$、$Al_2O_3$、$Fe_2O_3$ 主要来自黏土质原料,不足的由硅质原料、铝质原料、铁质原料补给。为了制得符合要求的熟料,一般控制熟料的饱和系数($KH$)、硅酸率($SM$)、铝氧率($AM$)在一定的范围内,相应地要求熟料中矿物成分和化学成分控制在一定范围内。

水泥熟料的有害成分为 $MgO$、$K_2O$、$Na_2O$、$SO_3$、$fSiO_2$(游离二氧化硅)、$Cl^-$。国家标准规定水泥或熟料中 $MgO$ 的含量一般不得超过 5%;一般要求水泥中 $K_2O$、$Na_2O$ 的含量不得超过 1.5%,当生产低碱水泥时,则要求碱含量($Na_2O + 0.658K_2O$)小于 0.6%,或供需双方商定;生产特种水泥时,另有一些特殊要求。水泥熟料中 $SO_3$ 的含量一般要求不大于 1.5%,石灰质原料中大颗粒 fSiO$_2$ 的含量不超过 4%（燧石）或 6%（石英），当采用新型干法预分解回转窑生产时，生料中 Cl$^-$ 的含量要求不超过 0.015%。

## 8.2　石灰岩矿的深加工及应用

豫北地区石灰岩储量极为丰富，品种齐全且质地优良，可满足于各种用途，然而多年来，豫北地区石灰岩多用于生产水泥和建筑石料，仅少部分用作冶金熔剂、制碱等原料。随着石灰岩应用研究的深入，石灰岩的应用领域越来越广：在冶金工业中它是冶炼生铁、钢和其他有色金属的熔剂；在化学工业中，它是制碱、电石、碳酸钙、漂白剂、肥料、油漆等的重要原料；在农业中，它用于改良土壤和作为饲料添加剂；在环境保护中，它是一种较好的吸附剂；在建筑业中，石灰岩可用来生产各种水泥，一些质地优良、色泽鲜艳的石灰岩还可以加工成大理石装饰材料和其他工艺品。

目前，北京化工大学采用超重力碳化法生产钠米碳酸钙技术已通过化工部技术鉴定，技术水平国际领先。其工艺流程为采用石灰石，经煅烧、石灰消化、氢氧化钙碳化、分离、干燥、分级、包装，制取碳酸钙产品。该反应属气—液—固三相反应，具有产品质量好、经济等优点，是目前国内外主要采用的制造纳米级碳酸钙的方法。

根据汽车漆、油墨、卫生用纸、橡胶、塑料、涂料等行业需求预测，我国2010 年纳米级（10～50 nm）碳酸钙消费量为 4 万 t，预计 2015 年消费量达 7万 t，目前，国内 10～50 nm 碳酸钙主要依靠进口。

超细重质碳酸钙是由天然石灰岩经超细粉碎而成的，它主要用于橡胶、塑料、造纸、涂料、纺织品、密封剂、胶粘剂、日用化妆品、医药、饲料等部分作为填充剂，目前，市场前景较好，需求量逐年增加，售价在 500 元/t 左右。

石灰岩饲料添加剂，其作用是增加畜禽的钙质吸收，健壮骨骼，提高饲料适口性。石灰岩中含有 Mg、Fe、P、K、Na 等多种有益于动物生长的组分，可直接粉碎加入饲料中，一般每吨饲料中加入 30～80 kg 石灰岩粉，既可替代鱼粉、骨粉，又可降低饲料成本。

## 8.3　白云岩的深加工及应用

豫北地区白云岩资源较为丰富，但地质工作程度较低，仅对修武李岭山做过普查，求得地质资源储量 60.78 万 t，对沁阳九里口、博爱寨豁两处只进行过踏勘。沁阳九里口矿区远景资源储量可观,达 8 000 万 t,经取样化验分析,CaO 含量 28.48% ~32.29%,MgO 含量 18% ~21.91%,$Fe_2O_3$ 含量 0.02% ~0.83%,有益组分和有害组分均符合各种工业用标准,可作为玻璃原料、陶瓷、耐火材料用白云岩,部分含镁较高的还可作为提炼金属镁用或含镁水泥用白云岩。本区白云岩矿体出露地表,矿层结构简单,层厚且稳定,矿区水文地质条件简单,开采条件好,均可进行大规模的露天开采。

目前,豫北地区的白云岩开采量比较小,仅用于玻璃制造业,极少量的用于炼镁。其实,白云岩可广泛应用于冶金、化学、建筑等工业。冶金工业主要是用作耐火材料和熔剂,用白云岩制成的耐火砖可用于砌筑炉、电炉、化铁炉炉衬;炼铁和炼钢时,用白云岩作为熔剂,可起中和酸性炉渣,降低渣中的 $Fe_2O_3$ 的活度,减轻炉渣对炉衬的侵蚀作用。化学工业用于制硫酸镁;橡胶、制药业可用作填料和钙镁肥;玻璃、陶瓷用白云岩作配料,能提高玻璃的化学稳定性和坚固性,增加陶瓷的光泽度。白云岩的最大用途是可提炼金属镁,应为豫北地区白云岩重点发展方向。镁是一种轻金属,其重量比铝还要轻 1/3,但其强度比铝要高出许多,如果在铝中不加入镁,形不成铝镁合金,铝的用途就要受到极大的限制,甚至连日常生活中常用的铝壶也加工不出来。目前,可以通过硅热法生产金属镁,热源可以用煤或煤气,用煤直接作热源,投资小,但易造成炉内热度不对称,降低出镁率,镁的质量也差,市场销售不佳。而用煤气作热源,尽管投资较大,但提取的镁质量好,市场销售好,资本回收快,是提炼金属镁的较佳途径。在鼓励提炼工业用金属镁的同时,杜绝污染严重的土法炼镁,积极引入资金,建设环保经济效益"双好"的镁金属工业区。

# 8.4　利用废石加工建筑用骨料

据中国砂石协会统计,随着我国基础建设的快速发展,砂石骨料的用量不断增加,从 1981 年的不足 5 亿 t 到 2012 年的 100 多亿 t,砂石的年产销量增长了 20 多倍。按照国家中长期的发展规划,预计砂石的用量将以每年 10% 左右的速度增长,所有的基础建设如铁路、公路、桥梁、房建等,都需要用到砂石骨料,骨料行业在国家工程基建设中起到越来越重要的作用。

区内矿山覆盖层一般为白云质灰岩、灰质白云岩、白云岩,抗压强度 91.6 ~103.3 MPa,目前,生产工艺流程为:矿山开采的不大于 850 mm 的石灰石块经自卸汽车卸入初破受料仓,并通过振动筛分给料机均匀稳定地筛分给料,振动筛分给料机的筛条间距设计为 140 mm 的石料入颚式破碎机进行一次破碎,小于 140 mm 的物料与颚式破碎机的出料一起通过带式输送机输送至重型圆振动筛(上层筛网采用铸钢板,筛网孔径选用 60 mm;下层筛网采用钢丝网,筛网孔径为 30 mm × 30 mm)进行预筛分,其余物料通过带式输送机输送至反击式破碎机进行二次破碎,颚式破碎机、反击式破碎机、预筛分振动筛及物料转运点均设有收尘器进行除尘。成品骨料采用封闭式钢结构堆棚形式储存,并采用喷雾除尘系统进行除尘。骨料生产成本 25 元/t,当前市场产品售价 40 元/t,利润可观。

# 8.5　夹层搭配利用

豫北地区许多灰岩矿床有多个不连续夹层,呈楔状、透镜状、似层状产出,经计算本矿床夹层总量巨大,多达 1 亿 t 以上,如按一定比例混入可满足水泥生产的要求,夹层厚度在 2 m 以下时,可直接开采;当大于 2 m 时,应与其他采掘面协调,搭配开采。

资源综合利用不但减少了废石堆存,改善了环境,而且经济效益和社会效益显著,综合利用技术对其他水泥灰岩矿山开采具有借鉴意义。

# 8.6　超细轻质碳酸钙

超细轻质碳酸钙是用煅烧石灰岩与水反应生成石灰浆,然后将石灰浆与二氧化碳混合碳化生成轻质碳酸钙,经粉碎成 4 μm 的粉料。这种轻质碳酸钙在造纸、橡胶、塑料、涂料、电缆、油漆、油墨及日用化工制品中可作为填料被广泛运用,目前市场销售形势较好。

# 8.7　超细重质碳酸钙

超细重质碳酸钙是由天然石灰岩经超细粉碎而成的。它广泛用于橡胶、塑料、造纸、涂料、纺织品、密封剂、胶粘剂、日用化妆品、医药、饲料等方面。目前,市场前景较好,需求量逐年增加。

# 8.8　石灰岩饲料添加剂

石灰岩饲料添加剂,其作用是增加畜禽的钙质吸收,健壮骨骼,提高饲料适口性。石灰岩中含有 Mg、Fe、P、S、K、Na 等多种有益于动物生长的微量元素,可直接粉碎加入饲料中,一般每吨饲料中加入 30~80 kg 石灰岩粉,既可替代鱼粉、骨粉,又可降低饲料成本。

# 8.9 纳米碳酸钙制造及其应用

纳米碳酸钙是指化学合成碳酸钙的粒径在 0~100 nm 范围内的产品,它包括了轻质碳酸钙行业中统称的超细碳酸钙(粒径 0.1~0.2 $\mu m$)和超微细碳酸钙(粒径 $\leqslant 0.02$ $\mu m$)两种碳酸钙产品。

根据汽车漆、油墨、卫生用纸、橡胶、塑料、涂料等行业需求的预测,我国在 2010 年纳米级(10~50 nm)碳酸钙消费量约为 3 万 t,目前,国内 10~50 mm 碳酸钙主要依靠进口。

纳米碳酸钙制造主要分为两类:复分解法和碳化法,前者是采用水溶性钙盐(如碳酸铵等),在适当的工艺条件下进行反应,制取纳米级碳酸钙,属液—固相反应过程。这种方法可通过控制反应物的浓度、温度及生成物碳酸钙的过饱和度,加入适当的添加剂等,制取球形等粒径 $\leqslant 0.1$ $\mu m$、比表面积很大、溶解性很好的无定型碳酸钙产品。该法可制取纯度高、白度好的优良产品,但制取不同晶形的产品,则成本较高。经济上不易过关,目前国内外很少采用。

碳化法是采用石灰石,经煅烧、石灰消化、氢氧化钙碳化、分离、干燥、分级、包装,制取碳酸钙产品。该方法通过控制氢氧化钙浓度、反应温度和窑气中 $CO_2$ 浓度、气—液比、添加剂种类及数量等工艺条件,可制取不同晶形(如立方形、链锁形等),不同粒径(0.1~0.02 $\mu m$、$\leqslant 0.02$ $\mu m$)纳米级碳酸钙产品。该反应属气—液—固三相反应,具有产品质量好、经济等优点,是目前国内外主要采用的制造纳米级碳酸钙的方法。

碳化反应过程按 $CO_2$ 气体与氢氧化钙悬浮液接触方式的不同,国内目前主要有间歇鼓泡碳化法、连续喷雾碳化法及超重力碳化法。

间歇鼓泡碳化法是国内外广泛采用的方法,该方法是将 5°~8°Be′石灰乳降温到 25 ℃以下,泵入碳化塔,保持一定液位,由塔底通入窑气鼓泡进行碳化反应,通过控制反应温度、浓度、气—液比、添加剂等工艺条件,间歇制备纳米级碳酸钙。此法生产设备投资小,操作简单,但能耗较高,工艺条件较难控制,粒度分布较宽等。

连续喷雾碳化法使石灰乳为分散相,窑气为连续相,明显增加了气—液接触表面,通过控制石灰乳浓度、流量、液滴径、气—液比等工艺条件,在常温下可制取 0.04 ~ 0.08 μm 超细碳酸钙。此法生产能力大、产品质量稳定、能耗低、投资较小。

超重力法是利用离心力使气—液、液—液、液—固两相,在比地球重力场大数百倍至上千倍的超重力场的条件下的多介质中产生流动接触,巨大的剪切力使液体撕裂成极薄的膜和极细小的丝和滴,产生巨大的和快速的相界面,使相间传质的体积、传质速率比塔器中的大 1 ~ 3 个数量级,使微观混合速率得到极大的强化。该法以窑气和石灰乳为原料,在独特的超重力反应装置中进行碳化反应,无需加入晶体生长抑制剂,反应沉淀出平均粒径在 15 ~ 30 mm 范围内可调控的纳米级碳酸钙产品。此法已完成中试,具有生产成本低、粒径分布窄、碳化时间短等特点,但生产设备投资大。

我国采用化学合成(或沉淀法)生产纳米碳酸钙的几种工艺,均已实现或即将实现工业化,其技术水平已达到国际先进水平,有的属于国内外首创,达到国际领先水平;从产品品种上也有 10 余种,广泛用于橡胶、塑料、油墨等行业,但专用化、功能化的品种还差的远;在产品数量上还很少,仅占轻钙总产量的 2% 左右;远远不能满足国内市场需求,每年需进口 20 万 t 左右,花费大量的外汇。由此看来,纳米碳酸钙的制造及其应用市场潜力巨大。

# 8.10 石灰岩矿开发生产实例

## 8.10.1 石灰

石灰岩煅烧至温度 1 000 ~ 1 300 ℃时,可将 $CaCO_3$ 中的 $CO_2$ 排出,制成生石灰。生石灰为白色固体,耐火难溶,遇水放热,吸水生成熟石灰,石灰水饱和溶液呈碱性,易与空气中 $CO_2$ 反应生成 $CaCO_3$ 沉淀。商业上分为高钙石灰(CaO≥90%)、钙质石灰(CaO≥85%)、镁钙石灰(MgO≥10%)和高镁石灰(MgO≥25%)四类。

## 8.10.2 氢氧化钙(消石灰、熟石灰)

(1)分子式:$Ca(OH)_2$。

(2)相对分子质量:74.08。

(3)性质:细腻的白色粉末。密度 2.24 $g/cm^3$。加热至 580 ℃失水成为氧化钙,在空气中吸收 $CO_2$ 而变为碳酸钙。溶于酸、甘油,难溶于水,不溶于醇。

（4）用途：用于制药、橡胶、石油工业添加剂和软化水等。用于石油工业添加在润滑油中，可防止结焦、油泥沉积、中和防腐。

（5）主要原料及规格：石灰石（$CaCO_3$）≥98%。

（6）制法及工艺流程：石灰消化法是将石灰石在煅烧窑煅烧成氧化钙后，以精选、加水消化，再经净化、干燥及过筛，得氢氧化钙产品。其反应式如下：

$$CaCO_3 = CaO + CO_2 \quad CaO + H_2O = Ca(OH)_2$$

工艺流程如下：

石灰石、焦炭→焙烧→精选→加水消化→沉淀→分离→干燥→过筛→包装→氢氧化钙

## 8.10.3　氧化钙

（1）分子式：CaO。

（2）相对分子质量：56.08。

（3）性质：白色无定形粉末。密度 3.25～3.38 $g/cm^3$。熔点 2 580 ℃。沸点 2 850 ℃。在空气中放置，吸收空气中的水和二氧化碳，生成氢氧化钙和碳酸钙。氧化钙与水作用（称为"消化"）生成氢氧化钙并放出热量（生成物呈强碱性）。溶于酸，不溶于醇。

（4）用途：氧化钙用于钢铁、农药、医药、非铁金属、肥料、制革、制氢氧化钙，实验室氨气的干燥和醇脱水等。

（5）主要原料及规格：盐酸（HCl）35%，碳酸钙（$CaCO_3$）98%。

（6）制法及工艺流程：碳酸钙煅烧法是先将碳酸钙与盐酸反应生成氯化钙，用氨水中和、过滤、加入碳酸氢钠，反应生成碳酸钙沉淀，经脱水、干燥煅烧而得。其反应式如下：

$$CaCO_3 + 2HCl \rightarrow CaCl_2 + CO_2 + H_2O$$
$$CaCl_2 + 2NH_4OH \rightarrow Ca(OH)_2 + 2NH_4Cl$$
$$Ca(OH)_2 + NaHCO_3 \rightarrow CaCO_3 + NaOH + H_2O$$
$$CaCO_3 \rightarrow CaO + CO_2$$

工艺流程如下：

碳酸钙加盐酸→酸解→加氨水中和→静置沉淀→过滤→加碳酸氢钠反应→碳酸钙脱水→干燥→煅烧→筛选→包装→氧化钙

## 8.10.4　轻质碳酸钙（沉淀碳酸钙）

（1）分子式：$CaCO_3$。

（2）相对分子质量：100.08。

（3）性质：白色粉末，无臭无味，密度：方解石型 2.711 g/cm³，霰石型 2.93 g/cm³。溶点（110 大气压）1 289 ℃。难溶于水、醇，微溶于含有铵盐或二氧化碳的水溶液，可溶于稀醋酸、稀盐酸、稀硝酸，同时放出二氧化碳，呈放热反应。

（4）用途：主要用作橡胶、塑料、造纸等行业的填料，也用作涂料、油墨的填料。还用于牙膏、电焊条、有机合成、冶金、玻璃、石棉、油毛毡等生产。还是工业废水的中和剂、胃与十二指肠溃疡病的制酸剂、酸中毒的解毒剂。

主要反应式：

$$Ca(OH)_2 + CO_2 \rightarrow CaCO_3 + H_2O$$

## 8.10.5　重质碳酸钙（俗称单飞粉、双飞粉、三飞粉、四飞粉）

（1）分子式：$CaCO_3$。

（2）相对分子质量：100.08。

（3）性质：白色粉末，无臭、无味。露置空气中无变化，密度 2.71 g/cm³。溶点 1 339 ℃。几乎不溶于水，在含有铵盐或三氧化二铁的水中微溶解，不溶于醇。遇稀醋酸、稀盐酸、稀硝酸发生泡沸，并溶解。加热分解为氧化钙和二氧化碳。

（4）用途：按粉碎细度的不同，工业上分为四种不同规格：单飞、双飞、三飞、四飞，分别用于各工业部门。

单飞粉：用于生产无水氯化钙，是重铬酸钠生产的辅助原料、玻璃及水泥生产的主要原料。此外，也用于建筑材料和家禽饲料等。

双飞粉：是生产无水氯化钙和玻璃等的原料、橡胶和油漆的白色填料，以及建筑材料等。

三飞粉：用作塑料、涂料及油漆的填料。

四飞粉：用作电线绝缘层的填料、橡胶模压制品和沥青制油毡的填料。

（5）主要原料及规格：石灰石（$CaCO_3$）≥90%。

（6）制法及工艺流程：粉碎法是将含 $CaCO_3$ 在90%以上的石灰经粉碎、分级、分离而制得的产品。

工艺流程为：

石灰石→粉碎→分级→旋风分离→重质碳酸钙 。

# 第9章 豫北地区石灰岩矿开发利用现状及前景分析

## 9.1 石灰岩矿开发利用现状

豫北地区的矿业开发已有百余年的开采历史,大规模的开发始于20世纪80年代中期。截至2010年底,非金属矿主要开发利用的矿种有水泥灰岩、熔剂灰岩、建筑石料、白云岩、砖瓦黏土、地下水等,水泥、建材、玻璃等采选及加工领域的规模化产业初步形成。

据统计,2007年全区开采的矿种有水泥灰岩、熔剂灰岩、白云岩、建筑石料等4种矿产,共有矿山企业261家(不含一些零星采矿点),从业人数14 978人,矿石年产总量2 280.69万t,工业总产值约74 258.7万元(见表9-1)。

表9-1 豫北地区非金属矿产开发利用现状

| 矿产名称 | 矿山数(个) | | | | | 从业人数(个) | 单位 | 矿产品产量 | 工业总产值(万元) |
| --- | --- | --- | --- | --- | --- | --- | --- | --- | --- |
| | 大型 | 中型 | 小型 | 小型以下 | 合计 | | | | |
| 制灰用灰岩 | 0 | 0 | 25 | 0 | 25 | 575 | 万t/a | 163.1 | 19 678 |
| 水泥用灰岩 | 6 | 1 | 32 | 3 | 42 | 2 473 | 万t/a | 1 212.2 | 12 011.4 |
| 熔剂用灰岩 | 0 | 2 | 3 | 0 | 5 | 626 | 万t/a | 251.8 | 13 461.9 |
| 建筑石料用灰岩 | 4 | 6 | 50 | 129 | 189 | 11 304 | 万t/a | 653.59 | 29 107.4 |
| 总计 | 10 | 9 | 110 | 132 | 261 | 14 978 | 万t/a | 2 280.69 | 74 258.7 |

从矿山规模来看,国有矿山规模远远大于乡镇集体、个体矿山,国有矿山数占矿山总数的 8.96% ,但从业人数占总从业人数的 72.2%；从矿业人均产值来看,全市矿业人均年产值 1.64 万元,国有矿山人均年产值 1.83 万元,大大高于乡镇集体及个体矿山的人均年产值 1.14 万元；从经营方式来看,国有矿山的矿产品多经过选矿、精炼等深加工,实行采掘、加工、市场销售纵向全程管理,而乡镇集体及个体矿山矿产品多以出售原矿为主；从设备及开采技术条件来看,国有矿山远优于乡镇集体及个体矿山企业,选矿率、回采率高于乡镇集体及个体矿山；从产业类型来看,国有矿山多为煤炭、建材类矿山企业,而乡镇矿山涉及煤炭、化工、建材、冶金、耐火材料、玻璃等各个行业。

# 9.2　开发利用前景分析

非金属矿产具有一矿多用、多矿共用的特点,矿产品的应用领域非常广阔,几乎涉及所有工业部门,随着高科技的发展,愈发显示出非金属矿的重要作用,其加工产业链条比金属矿产要长,价值潜力更大。世界各国特别是发达国家非常重视非金属矿资源的开发、利用,非金属矿工业已成为世界工业中极其重要的组成部分。

我国是世界上非金属矿资源最丰富的国家,虽然欧美国家在一些非金属矿上占有优势,但其矿种在我国差不多都有,而我国的一些矿种在美国是空白或资源极少。目前,我国已发现 93 种非金属矿产,其中 88 种有探明储量。同时,我国也是世界上非金属矿的生产大国、消费大国和世界上重要非金属矿产品出口国之一。河南省是我国非金属矿资源大省,现已发现非金属矿产 80 余种,有探明储量的有 46 种,其中 12 种居全国前三位,30 种居全国前十位。

豫北地区境内非金属矿产种类较多,部分矿种的资源储量位居全省前列。非金属矿产品主要以水泥、耐火材料、陶瓷、制碱为主,玻璃、硫酸等矿产品也有一定的产量,所需原料多来自本地,根据目前国内建材价格呈现的恢复性上涨及发展趋势,以及豫北地区在公路、城市建设等方面的力度加大,预计未来几年内,豫北地区建材市场前景看好,这将带动着本区水泥灰岩、耐火黏土、白云岩、高岭土、陶瓷黏土、硫铁矿、建筑石料等采矿业的发展。

# 第 10 章　石灰岩矿开发利用中存在的主要问题及对策

　　从开采现状看,由于缺乏统一规划,特别是没有按市场需求进行开发,多数矿种产大于销,价格偏低,经济效益差。目前,大多数矿山企业由于开采工艺水平低,设备落后,经济效益低,综合开发意识差,采矿中多是采主弃副,单一开发,许多伴生、共生矿产,没有综合回收、综合利用,造成人为浪费。同时由于开采难度的加大,采矿成本增高,矿产品价格偏低,多数矿山处于微利、无利,甚至亏本状况。

　　在资源利用方面,由于加工工艺落后,深加工水平低,目前,该区的矿产资源开发利用多数还停留在 20 世纪八九十年代的水平,许多矿产品以初级产品甚至原矿出售给外地,产品科技含量较低,附加值不高,不能获取更好的收益。石灰岩的用途十分广泛,但目前主要还是用来生产水泥和建筑石料,仅有个别企业用于生产轻质碳酸钙。

　　目前矿业发展面临着较为严峻的形势,但在长期的开发历史中,许多矿山企业形成了一套适合于本区特点的开采工艺、实用的技术人才、一定的设备基础以及较强的抗市场风险能力,加之区内丰富的非金属矿产资源基础,可通过加强宏观政策引导,调整矿业布局,统筹规划、合理开发、综合利用,瞄准国内外高新技术,引进、消化、吸收、转化,加强技术创新,优化矿业机制,提高矿产品的科技含量和附加值。

　　总体上看,该区石灰岩矿矿业开发的特点为:起步比较早,发展速度较快,贡献大;矿种发展不平衡,优势矿种勘查工作程度高,开发强度大;矿产综合加工利用水平低,经济效益差。

## 10.1　地质勘查工作存在的主要问题

### 10.1.1　地质勘查工作不均衡

　　地质工作程度具有不平稳性,主要表现在个别矿种,如水泥灰岩地质工作程度高,而其他矿种地质工作程度低或较低,有的矿种如化工灰岩、建筑石料等尚未进行过专门地质工作,致使一些矿种本地虽有矿产但无详细资料可查,而一些工业急需矿产,要么是盲目开采要么是外购,造成了资源的浪费和资金的外流。

### 10.1.2 地质勘查经费投入严重不足,地质勘查业发展滞后

豫北地区拥有多家地质勘查单位,但长期从事地质找矿、探矿的仅有河南省地矿局地矿二院一家,且随着市场经济的发展,地勘经费越来越少,而用于找矿、探矿的少之又少。自 20 世纪 90 年代初期以来,矿产勘查投入锐减,基本上没有新的探明矿种出现,在全区已发现的 27 种矿产中,有探明储量的仅 14 种,并且保有储量除水泥灰岩外,其他矿产保有储量在逐年减少而没有补充,区内许多矿山资源已近枯竭却找不到后备矿山。

### 10.1.3 地质勘查市场发育不完善

地质勘查市场发育不完善,地质成果商品化进程缓慢,一方面,地质勘查单位的地质成果被束之高阁,没有转让;另一方面,矿业发展中所需的地质资料难以取得。

# 10.2 开发利用中存在的主要问题

### 10.2.1 非金属矿工业大而不强

豫北地区非金属矿工业的现况可概括为"四大"、"五低"。"四大"即产品产量大,如建筑石料、砖瓦黏土、水泥灰岩等的产量,多年来一直位居行业前茅,总产量达 3 000 万 t 以上;企业数量大,2010 年豫北地区矿业企业共 254 家,非金属行业达 203 家,占全行业的 80%;矿业产值大,2010 年全区非金属行业总产值达 3.32 亿元,占全行业的 17.3%,仅次于煤炭业;废石尾矿排放量大,每年排放量达 80 余万 t。"五低"就是劳动生产率低、集约化程度低、科技含量低、市场应变能力低、经济效益低。

### 10.2.2 缺乏统筹规划,布局不尽合理

豫北地区的国有矿山数量少,多建在资源较为丰富的地带,占有储量大,各矿山都有相应的开发规划,企业布局也相对合理。乡镇、集体、个体矿山多是开采国有矿山的残留矿柱及边角,长期以来缺乏总体和长远的发展规划,布

局散乱,多家矿山开采同一矿床在某些地方随处可见,不仅限制了矿山规模、降低了资源的有效开采率,同时也引发了许多边界开采资源纠纷、安全事故的发生,干扰了正常的矿山秩序,加大了矿管的难度。同时,由于缺乏统一规划,资源的开发也存在着一定的盲目性,宏观调控跟不上。有的矿种开发强度过大,如溶剂灰岩储量消耗过快,资源接替不足,从而造成设备、技术浪费;而有些矿种储量虽大,但开采规模小,如化工灰岩、白云岩等,未能将资源优势转化为经济优势。另外,不合理的矿山布局,一定程度上影响了环保、旅游业的发展,特别是近几年来,豫北地区旅游业呈现出良好的发展势头,旅游业已成为第三产业的龙头,然而由于一些矿山建在风景区内或景区附近,污染了环境,严重影响了景区的面貌,阻滞了旅游区的发展。

## 10.2.3  技术力量总体薄弱,资源浪费破坏严重

受当前矿业形势的影响,许多优秀的人才外流或不愿进入,人才尤其是青年科技人才缺乏,同时,由于缺乏资金,现有设备或工艺流程陈旧,不能更新,生产出来的产品科技含量低,在激烈的市场竞争中难免处于下风。乡镇矿山技术人员少,有的根本就没有技术人员,设备简陋,采矿工艺流程落后,资源开发水平低,许多矿山靠出售原矿获取利润,用矿企业矿产初加工、简单加工多,精加工少,产品附加值低。许多资源优质劣用,不能充分发挥其价值,如境内的石灰岩品种齐全,质量优、储量大,但熔剂灰岩、化工灰岩生产水泥,甚至作为普通建筑材料的,水泥灰岩作普通建筑材料的现象广泛存在,不仅浪费了资源利用价值,又加快了资源的耗竭。

## 10.2.4  企业资金短缺,效益普遍较差

现在矿山企业普遍资金短缺,无力自筹资金进行生产探矿、矿山建设、技术改造以及设备的更新,有的项目由于缺资金而被搁置。矿山企业职工收入较低,工资不能按时发放,职工工作的积极性不高,从而形成恶性循环,企业效益每况愈下。由于企业投入技术改造资金不够,生产出来的产品科技含量低,市场竞争力差,严重影响了矿山企业的经济效益。许多矿山尤其是小矿山企业经营困难、步履维艰,被迫停产,有的甚至尚未投产就已夭折。

# 10.3  矿业权市场培育、建设过程中存在的主要问题

(1)矿业法规不尽完善,在一定程度上影响着矿业权市场的发展。完善

的矿业权市场应至少包括四方面的法律制度,即矿业权市场管理法律制度,矿业权市场主体法律制度,矿业权市场行为制度,矿业权市场中介法律制度。虽然目前有矿法及配套法规,但矿业立法还不完善,就当前大多数矿山开采规模为小型、小小型而言,还没有与之相适应的小型矿山管理条例,新的矿法实施细则也未出台,有关矿业权交易的法规也尚未成系统的管理条例。因而在矿业权有偿出让的具体操作中难以把握尺度。

(2)宣传不到位,矿业权市场建设有一定的阻力。矿业权市场的建立是矿业利益重新分配的问题,除国家在市场中获取本应属于国家的部分利益外,对其他不同的利益主体也会有不同的影响。因此,在部分地方政府中存在着地方保护主义思想,认为矿产资源在当地就应由当地安排开发,对其他地方的投资人到他们那里竞买开矿认为吃亏了,向矿方提出一些不合理的要求,这样就必然加大竞买人的成本和风险,使得矿业权市场难以发展起来。

(3)矿业权评估界定不够明确。现行法规规定只有国家出资勘查形成的矿业权和矿业权转让时必须进行矿业权价款评估,而不需要勘查的乙类矿产(普通建筑用砂石、黏土)不需要评估,但招标拍卖时确定底价又需要评估,因该类矿产国家又未出资勘查,实践中出现的评估结果不是价款,而是出让金,可征收出让金的依据又不充分,给实际操作增加了一定的难度。

(4)中介服务机构尚未建立。

中介机构和交易场所是市场的三要素之一。在矿业权有偿出让过程中,前期会有相当的业务量需要由中介服务机构来完成,如矿产储量评估、矿业权价款评估、矿业权经纪、代理等方面的服务工作。目前,中介组织或机构尚待建立,以尽快推进矿业权市场培育建立的进程。

# 10.4 解决矿产资源开发利用存在问题的对策

面对严峻的矿产资源形势和矿业发展中存在的问题,矿业发展要做好加快矿山企业由数量型向质量型、粗放型向集约型、封闭型向开放型的战略转变,确立科学、合理的矿产资源可持续供应战略,以满足国民经济和社会发展对矿产资源的需求,确保经济社会可持续健康发展。充分发挥优势矿产资源潜力大的特点,立足本地,充分利用"两种资源、两个市场",实施多元化资源战略、科技兴矿战略、矿产资源开发与环境保护一体化战略,加强地质勘查,实施重要矿产资源储备战略,建立稳定、经济、安全的矿产资源供应体系。

## 10.4.1 石灰岩矿山最低开采规模规划

根据地发〔1998〕47号文,国土资发〔2001〕13号文和豫地文字〔1999〕233号文件及《河南省矿产资源总体规划》要求,结合豫北地区矿产资源实际情况,制定了豫北地区新建矿山开采最低规模(见表10-1)。

表10-1  豫北地区主要矿产矿山最低开采规模规划

| 序号 | 矿产名称 | 矿区(床)名称 | 资源储量单位 | 资源储量 | 储量规模 | 开采规模单位 | 矿山最低开采规模 | | | 规划意见 |
|---|---|---|---|---|---|---|---|---|---|---|
| | | | | | | | 大型 | 中型 | 小型 | |
| 1 | 熔剂用灰岩 | 焦作市王窑熔剂用灰岩矿区 | 矿石千t | 109 311.00 | 大型 | 万t | 100 | | | 建设中型矿山企业 |
| 2 | 熔剂用灰岩 | 焦作市冯营熔剂用灰岩矿区 | 矿石千t | 46 280.0 | 中型 | 万t | 100 | | | 扩大规模、禁止开采石料 |
| 3 | 水泥用灰岩 | 焦作市马村区谷堆后水泥灰岩矿区 | 矿石万t | 39 905 | 大型 | 万t | 100 | | | 扩大规模 |
| 4 | 水泥用灰岩 | 修武县洼村水泥用灰岩矿区 | 矿石万t | 557.00 | 小型 | 万t | | | | 禁止开采 |
| 5 | 水泥用灰岩 | 修武县回头山水泥用灰岩矿区 | 矿石万t | 20 330.00 | 大型 | 万t | | | 50 | 部分在禁止开采区 |
| 6 | 水泥用灰岩 | 修武县交口水泥用灰岩矿区 | 矿石万t | 4 316.00 | 中型 | 万t | | 50 | | 建设中型矿山企业 |
| 7 | 水泥用灰岩 | 修武县台道水泥用灰岩矿区 | 矿石万t | 4 594.00 | 中型 | 万t | | 50 | | 建设中型矿山企业 |
| 8 | 水泥用灰岩 | 修武县高岭水泥用灰岩矿区 | 矿石万t | 1 184.00 | 小型 | 万t | | | | 禁止开采 |
| 9 | 水泥用灰岩 | 博爱县馒头山水泥用灰岩矿区 | 矿石万t | 4 717.00 | 中型 | 万t | 100 | | | 扩大规模 |

| 序号 | 矿产名称 | 矿区(床)名称 | 资源储量单位 | 资源储量 | 储量规模 | 开采规模单位 | 矿山最低开采规模 | | | 规划意见 |
|---|---|---|---|---|---|---|---|---|---|---|
| | | | | | | | 大型 | 中型 | 小型 | |
| 10 | 水泥用灰岩 | 修武县柿园水泥灰岩矿区 | 矿石万 t | 25 690.0 | 大型 | 万 t | | | | 扩大规模 |
| 11 | 水泥用灰岩 | 沁阳市西向镇行口水泥用灰岩矿区 | 矿石万 t | 2 813.00 | 中型 | 万 t | | | | 禁止开采 |
| 12 | 水泥用灰岩 | 修武县新庄沟水泥用灰岩矿区 | 矿石万 t | 2 231.00 | 中型 | | | | 50 | 禁止开采区 |
| 13 | 水泥用灰岩 | 鹤壁市邪矿水泥灰岩 | 矿石万 t | 13 165.0 | 大型 | 万 t | 100 | | | 扩大规模,禁止开采石料 |
| 14 | 水泥用灰岩 | 卫辉市豆义沟水泥灰岩 | 矿石万 t | 17 960.0 | 大型 | 万 t | 100 | | | 扩大规模,禁止开采石料 |
| 15 | 水泥用灰岩 | 鹤壁市鹿楼水泥灰岩 | 矿石万 t | 12 492.47 | 大型 | 万 t | 100 | | | 扩大规模,禁止开采石料 |

## 10.4.2 矿产资源开发利用规划区划分

为优化资源配置,促进矿业开发合理布局,实现资源开发与生态环境保护的协调统一,根据豫北地区资源的分布特点、市场需求及社会与经济发展的需要,凡矿产资源丰富,分布相对集中,矿产品市场前景好,经济效益高,易于形成规模化经营,开发过程中能有效控制对生态环境影响的矿区,划分为鼓励开采区;对市场供大于求,或开发技术条件不成熟,不能对开发中的矿产资源进行有效保护和充分利用,资源有限的优质矿产,开采过程中,对生态环境有一定影响,地质灾害易发区,划分为限制开采区;对于开采经济效益低下,对生态环境具有重大影响或造成严重破坏,地质灾害危险区、地质遗迹保护区、各类自然保护区、风景名胜区、军事禁区、城市规划区,以及铁路、国道、省道两侧500 m 的可视范围内禁止露天采矿(见表 10-2)。

表 10-2　豫北地区矿山建设最低规模

| 矿种类别 | 矿山开采规模级别 | | | | | 备注 |
|---|---|---|---|---|---|---|
| | 计量单位 | 大型 | 中型 | 小型 | 分散矿 | |
| 石灰岩 | 万 t/a | >100 | 100~50 | 50~30 | 20 | 不含建筑石料 |
| 建筑石料 | 万 m³/a | >10 | | | 10 | 禁止中小型矿山 |
| 白云岩 | 万 t/a | >50 | 50~30 | <30 | 20 | |

# 第11章 豫北地区灰岩矿山环境恢复治理研究的意义及国内研究现状、水平与发展趋势——以焦作市市区北部露天采石场为例

## 11.1 灰岩矿山环境恢复治理研究的意义

焦作市位于河南省西北部,是一座在矿业开发基础上发展起来的新兴工业城市及旅游城市,特定的自然地质环境和不合理的人类经济活动,在一些地区引起了种种环境地质问题,尤其是矿山环境地质问题日益突出,已成为制约焦作市社会经济持续发展的重要因素之一。

矿山环境恢复治理研究的意义,就是通过工程治理,改善周边生态环境,提高居民生活质量,具有较好的经济效益、社会效益和环境效益。

该研究项目的主要目的是开展矿山地质环境治理问题体系研究,从根本上解决焦作市重要地质环境治理恢复问题,完成城区北部影视大道—南山路、云台山世界地质公园旅游快速通道、城际铁路沿线、南水北调沿线、焦枝铁路沿线矿山地质环境恢复治理;基本完成河南煤化焦煤集团主要采煤沉陷区矿山地质环境问题治理,建立资源枯竭型城市矿山地质环境综合治理示范区,打造矿山公园、南水北调生态走廊、旅游快速通道绿色长廊、城际铁路生态长廊、农业生态经济园。该项目的研究在河南省是首例,通过该项目的研究,对河南省进行类似矿山地质环境治理工程项目将起到重要的示范和推动作用。

按照"成区连片、突出重点、整合资源、注重效果、分步实施、推动转型、带动经济"的矿山地质环境治理恢复工程部署原则,依据《焦作市矿山环境保护与治理规划》《焦作市资源枯竭型城市矿山地质环境治理重点工程三年实施方案(2011~2013年)》、申报省矿山地质环境治理恢复项目情况、矿山企业地质环境治理保证金存储情况,结合辖区矿山地质环境现状,焦作市计划2012年着重于资源枯竭型城市中部治理区的治理,即解决全市人民比较关注的城区周边矿山地质环境问题,以城区北部影视大道圆通寺至中站区武汉钢铁公

司废弃黏土矿段废弃矿山治理为主;2013年着重于资源枯竭型城市东部治理区矿山地质环境问题治理,以云台山旅游通道两侧、南水北调沿线、城际铁路沿线、焦枝铁路沿线地质环境治理为主,解决煤矿沉陷区、采石场地质环境问题;2014年完成矿山地质环境监测体系建设,完成矿山地质环境治理恢复长效机制建设,着重于资源枯竭型城市西部治理区矿山地质环境问题治理,以焦枝铁路沿线、南水北调沿线、煤矿沉陷区、焦晋高速公路沿线地质环境治理为主,打造旅游快速通道绿色长廊、焦枝铁路生态走廊。

# 11.2 国内矿山环境恢复治理研究现状、水平及发展趋势

近几年,焦作市对市区北部采石场进行了大规模地质环境综合治理,通过采用环境治理工程方面的新技术、新方法,人为地对岩质边坡进行生物植被景观再造,进而改善焦作市的自然生态环境,为焦作市民提供一个休闲安乐的场所,创建一个以人为本的、人与自然和谐发展的社会生活环境。根据目前国内矿山环境恢复治理研究现状、水平及发展趋势,在本项目实施之前,在焦作市乃至河南省,还没有成功的废弃采石场岩石边坡喷播复绿的工程实例,项目在考察了浙江省多例矿山岩石边坡复绿成功实例后,组织技术人员编写了《河南省焦作市市区北部露天采石场边坡喷播技术研究报告》并组织有关专家论证实施方案,目的是开创河南省废弃采石场岩石边坡喷播复绿的先河,该项目的实施在河南省是首例,尤其是在黄河以北地区成功运用,并取得显著效果,对河南省进行类似矿山地质环境治理工程项目将起到重要的示范和推动作用。

通过该技术的运用,焦作市市区北部露天采石场即现在的缝山针公园,已变成风景优美的休闲公园(见照片11-1～照片11-4),河南省国土厅领导多次到此参观,认为该工程项目可作为全省矿山地质环境恢复治理示范工程,目前该项目申请建设矿山公园已批。

# 第 12 章　豫北地区露天灰岩矿山开采现状及矿山环境恢复治理措施

## 12.1　矿山环境污染问题

采矿引发的环境污染问题,主要是矿山在采选、冶炼、运输等过程中排放"三废"对环境的污染。

非金属矿山企业,在生产过程中一般都没有专门的废石堆放场所及尾矿、废水处理设施,仅有的尾矿库也只是简易尾矿坝,众多的是利用山坡、河滩、沟边、道边形成简易的堆放场地。大量超标的废水进入河道和农田,直接影响到地表水和农田,同时对地下水和耕地也造成了严重的污染。矿石爆破、碎石方法原始,噪声及粉尘污染严重,特别是通往各个矿区的道路都是简易土路,致使采矿运矿途中,灰尘满天,对环境造成严重污染。

## 12.2　矿山地质环境方面存在的问题

豫北地区灰岩矿区地质灾害类型主要有崩塌、滑坡、泥石流等,其发育的主要特征是地域性强,多种地质灾害在同一地域并发,如崩塌、滑坡、泥石流多发生于沿太行山区及丘陵区。

### 12.2.1　崩塌

根据其岩性,崩塌划分为基岩崩塌和黄土或疏松物崩塌,分布特征主要为:一是分布在基岩山区的脆性地层中,如太行山中低山区等地的基岩崩塌;二是在人为工程活动强烈的矿山开挖边坡,加大临空面,致使矿山多处发生崩塌。崩塌地质灾害中存在的主要问题是崩塌具有发生突然、来势凶猛的特点,其危害十分严重,危害矿山、人员伤亡和财产损失。

崩塌地质灾害按成因可分为剥蚀卸荷型崩塌、人工开采型崩塌、河流侧蚀型崩塌三种,其中以剥蚀卸荷型崩塌最为发育。剥蚀卸荷崩塌主要分布于北部的太行山区,规模大小不一,一般崩塌体积由数十立方米至数百立方米,大者可达千余立方米;人工开采型崩塌主要分布于沿太行山区及丘陵区,主要是由开采石灰岩活动引起的。

石灰岩矿山露天开采后往往形成裸露山体,给环境带来严重影响。以焦作市三门河和小东村附近的开采情况为例,10年间山体变化极大,原来郁郁葱葱的绿山,已经变成了"白花花"的秃山(见照片12-1~照片12-7),而且低洼不平,很容易受到自然环境的侵蚀风化,带来泥石流突发的危险。

该山体倾向SE45°现状条件下的山体易受到风化,形成泥石流的堆积物。开挖形成的运输路径易成为泥石流的流通区。该山体破坏为泥石流灾害的形成埋下了重大隐患,急需恢复治理。

## 12.2.2 滑坡

滑坡主要分为黄土滑坡和基岩滑坡两类,从地域上看主要集中分布在豫北太行山区,滑坡的分布与地貌关系密切,在地形陡峻的中低山区、强烈切割的斜坡地带,滑坡较为发育;滑坡的分布还与地层岩性有关,在黄土分布区,尤其是黄土覆盖丘陵区,黄土滑坡占总数的78%以上,造成损失较大的滑坡。

滑坡地质灾害按滑坡体物质组成可分为土体滑坡和岩体滑坡,按形成灾害的动力条件可分为自然滑坡和人为动力滑坡。豫北地区岩(土)体自然滑坡多为岩质滑坡,主要发生于太行山区中低山区,以暴雨诱发型居多。人为动力滑坡主要分布在铁路、公路沿线和露天开采矿区及其周围。由于矿山开采及其他自然及人为因素,打破了这里的相对平衡状态,雨季在地表水的作用下,很容易诱发滑坡。

由于采场边坡过陡、围岩稳固性差、地质结构变化或违规作业(违背自上而下的开采原则,在工作面下部平推山坡掏底开采),或雨水冲刷等外力的作用,岩体原有的应力分布和平衡条件被改变,由此导致岩体的移动和变形,从而对边坡岩体产生破坏作用,影响边坡的稳定性,造成塌方、滑坡等危及工作人员生命和设备财产安全的边坡事故。边坡岩体的岩石组合、岩体的结构构造、岩石的物理力学性能、岩体的周边和区域环境(如工程地质和水文地质条件)、地震等原因都可能造成边坡岩体位移和变形,甚至可能导致边坡发生坍塌、滑坡的危险。

导致露天矿边坡滑坡的主要原因有:

(1)边坡工程地质条件与岩土性质差,特别是有软弱面存在,如在矿体中有小断层、裂隙、软岩、泥夹层、破碎带、裂隙水等,都容易引起塌落、片帮、采场局部塌陷。

（2）气候条件等影响,包括降雨、积雪等,在降雨量集中的月份,雨水较大,冲刷露天采场坡面。

（3）台阶与边坡参数设计不合理,如采场台阶太高、坡面角过大,采场边帮坡面角(边坡角)过大等。

（4）未按设计要求施工。

（5）推进方向不合理,形成软弱面倾向采场的不良交切状态。

（6）边坡维护和管理不到位,特别当地质情况发生变化或出现边坡失稳征兆时,未及时采取防范措施。

（7）在开采土质或松弱岩性矿体时,未采取防排水措施。

（8）单纯追求经济效益,使边坡角过陡,加上不按合理顺序开采或边剥离边掏底。

（9）未进行除险作业,存在浮石、险石。

滑坡的主要伤害形式有:

（1）破坏露天采场;

（2）造成采场人员伤亡;

（3）破坏采场内的设备与设施。

## 12.2.3　泥石流

泥石流的发育、分布具有明显的规律性。受地形和地质条件制约,豫北地区泥石流多发生在中低山区及黄土丘陵地区,集中分布在太行山及丘陵地区。

豫北泥石流受地形和地质条件制约,多发生在中低山区及黄土丘陵地区,发生的因素既有自然地质因素又有人为活动因素,尤其是近年来随着采矿业、毁林开荒等人为活动的加剧,矿山随意弃渣,水土流失使各级河道淤塞严重,致使原有的地质生态环境更加脆弱,泥石流的活动周期缩短,规模不断扩大。泥石流一般来势凶猛,具有突发性,历时短,在其形成区、流通区、堆积区皆有可能形成危害。泥石流危害的目标物甚多,在泥石流活动范围内的所有对象,都有可能被泥石流冲击或摧毁,形成严重的灾害,概括起来一般危害城镇、农田、矿山、交通、水利、电力及通信设施等,造成国家和人民生命财产损失。泥石流地质灾害中存在的主要问题是发现的泥石流沟多,治理的泥石流沟少。

## 12.2.4　灰岩矿区地形地貌破坏严重

该区自 20 世纪八九十年代,随着乡镇水泥企业的兴建,矿山附近居民纷纷占山无序开采,造成山体千疮百孔,严重破坏了地质地貌景观(见照片 12-8),

形成的边坡形状极不规则,边坡多为高段位陡坡,主体边坡高度 35～60 m,边坡角达 65°～85°,有的整个坡面不稳,有的坡面上悬挂大块松动危岩,有的边坡下部岩体比较完整,但边坡上部岩体破碎,严重破坏了周边的自然景观,并存在地质灾害隐患。

## 12.2.5 矿山地质环境方面存在的其他问题

### 12.2.5.1 粉尘

粉尘是矿山普遍存在的一种有害物质,粉尘的存在严重危害作业人员的健康和生命安全,影响矿山生产效率和经济效益。生产性粉尘主要来源于装卸、矿山汽车运输过程中。粉尘对人体影响最大的是对呼吸系统的损害,长期吸入生产性粉尘会引起肺泡纤维化,甚至窒息死亡。生产性粉尘的危害性与其粒度、分散度、人体在粉尘环境中的接触时间有关。

矿山产生的粉尘不含有毒物质,但作业人员经常吸入超标准粉尘后,容易导致矽肺病,对人体健康产生危害,甚至威胁人的生命。因此,必须采取降、防尘措施。

可能造成粉尘危害的场所有:矿区内运矿道路、采场采装作业现场等。

### 12.2.5.2 噪声与振动

1)噪声来源及分类

按成因(来源)噪声可以分为:

(1)机械噪声:如汽车发动机产生的噪声。

(2)其他噪声:如采装作业、破碎大块等产生的噪声。

2)噪声危害

噪声对人的听觉、神经系统、心血管系统、消化系统、内分泌系统、视觉、感知觉水平和反应时间等都有很大的影响,能损伤人的听力,使人患心脏病。同时,对人的情绪影响也特别大,如使人烦躁不安、注意力分散等。噪声能引起职业性耳聋或神经衰弱、心血管疾病及消化系统疾病等的发生,会使操作人员的失误率上升而导致事故。振动与噪声相结合作用于人体,可导致中枢神经、植物神经功能紊乱、血压升高,也会导致设备、部件的破坏。本矿山生产性振动多见于挖掘、运输机械的作业活动中,会对作业人员的身体健康造成损害。

### 12.2.5.3 不良气候

高温会引起中暑,低温会造成人体直接冻伤,且均会导致操作失误率升高,诱发次生事故;在温度变化时,因热胀冷缩引起的热应力过大可导致材料变形或破坏;在低温下金属会发生晶形转变,甚至引起破裂而发生事故;作业中使用的一些气体、液体物质,在不同的温度环境下,物理化学性质会发生改变,可能增加其危险性,也应引起足够的重视。

另外,强风、暴雨、大雾、大雪、冰雹等不良气候都会直接或间接危害作业人员安全。

#### 12.2.5.4 尾矿二次开发少,矿山环境污染较为严重

尾矿的堆积不仅严重污染了堆放地的环境,占用了大量的土地,而且形成了各种地质灾害隐患,严重威胁着人们的生命、财产安全。

面对严峻的矿产资源形势和矿业发展中存在的问题,矿业发展要做好加快矿山企业由数量型向质量型、粗放型向集约型、封闭型向开放型的战略转变,确立科学、合理的矿产资源可持续供应战略,以满足国民经济和社会发展对矿产资源的需求,充分利用"两种资源、两个市场",实施多元化资源战略、科技兴矿战略、矿产资源开发与环境保护一体化战略,加强地质勘查,实施重要矿产资源储备战略,建立稳定、经济、安全的矿产资源供应体系。

# 12.3　石灰岩矿区崩塌与滑坡防治措施

多数的边坡支护或加固措施适用于石灰石矿区的采矿边坡治理,但同时应当指出,矿区露天采矿边坡的支护与治理有其自身的特点。露天矿边坡一般比较高,纵向延伸长,采场最终边坡是由上而下逐步形成的,上部边坡服务年限较长,下部边坡服务年限则较短,底部边坡在采矿结束时即可废止,因此上下部边坡的稳定要求也不相同。另外,矿区边坡对变形量或位移量的控制要求往往较宽松,即在稳定的条件下允许较大的变形量。在未停采的石灰矿,由于矿场每天频繁的穿孔、爆破作业和车辆行走,使边坡岩体常常受到振损而强度大幅度降低,最后,采区边坡是通过爆破、机械开挖等手段形成的,边坡岩体较破碎,稳定性较差,由于采矿的采剥作业打破了边坡岩体内原始应力的平衡状态,出现了次生应力场,常使边坡岩体发生变形破坏,使岩体失稳,导致崩、散落、坐落和滑动等。通过上述分析,针对石灰石矿边坡,提出对应的常规治理方法如下:

(1)对边坡进行疏干排水。

(2)对于地质条件易形成滑坡或小范围岩层滑动的岩体,须采用抗滑桩、挡石坝方法治理。

(3)对局部受地质构造影响的破碎带,首先采取避让措施,划定标示出危险范围,严禁进入。

（4）为防止滚石伤人,坡面要进行严格的检查工作,若有小范围崩滑应及时清理场地,天然边坡应因地制宜进行适当改造,在改造中应珍惜已有植被,如岩质山坡,应采取补土、换土措施确保植树成活率,必要时可进行植被重建。

# 12.4　对泥石流处理及防治措施

矿山可能形成泥石流的地方是在废石场。

为保证废石场安全和减少对环境的污染,采取截水沟、堆石坝、石笼坝综合防护方案。在距废石堆靠山一侧上部边缘的地方开挖截水沟,进行截流和排洪,避免地表水进入废石场内浸泡、冲刷边坡、掏挖坡角;在废石场坡脚设置石笼、堆石坝或设置土坝实行内侧排土,既能放出清水,又能起到阻拦泥石的作用。

（1）太行山部分地段泥石流灾害规模大,危害重。对重点泥石流沟应进行专门的地质灾害调查,在必要地段修建排导、拦挡工程。

（2）对尾矿坝进行专项调查和稳定性评价,消除泥石流灾害隐患。

（3）建设工程一般要避开泥石流危险区,无法避让时必须采取工程防治措施。

# 12.5　对景区崩塌体处理及防治措施

对豫北山区旅游景区的危岩体,可采用SNS柔性拦石网防护施工技术进行治理。

SNS柔性拦石网防护技术在我国水电站、矿山、道路等各种工程现场的崩塌落石防护中得到了广泛的应用,它是利用钢绳网作为主要构成部分来防护崩塌落石危害的柔性安全网防护系统,能有效地防治崩塌落石、风化剥落等斜坡坡面地质灾害。该系统由钢绳网、减压环、支撑绳、钢柱和拉锚5个主要部分构成,它采用钢绳网覆盖在潜在崩岩的边坡面上,能有效地阻止崩岩沿坡面滚下或滑下而不致剧烈弹跳到坡脚之外,对景区高陡边坡危岩体的防治既有效且经济,该系统既可有效防止崩塌灾害,又可以最大限度地维持旅游景区原始地貌和植被,保护自然生态环境。该系统的主要优点是:①对能量高达5 000 kJ的高能级冲击能进行有效防护;②简单易行的标准化装配作业,工期短,不干扰其他作业或运营;③仅做少量锚固,不破坏原始地貌及植被;④已建立了标准化的设计计算体系。

# 12.6　对石灰石矿山地形地貌景观治理

豫北地区石灰岩多呈巨厚层状,水平向展布广,连续性好,因而石灰石露天开采矿区通常较大。由此造成的原生地形地貌景观影响和破坏程度大,而且遭受破坏的原生地形地貌景观即使在闭坑之后仍无法恢复。

地形地貌景观破坏的防治措施应根据矿区不同的土地类型、破坏的特点和矿山终采后的情况确定。做到重点治理与面上治理相结合、永久工程和临时工程相结合、工程措施与植物措施相结合,充分发挥工程措施速效性和控制性,同时也要发挥生物措施的后续性和生态效应。

治理对象一般有废石堆场、尾矿库、矿山道路、边坡及矿山工业设施区等。治理措施从美观及环境恢复的角度出发,优先考虑生物措施和植物措施。对于废石堆场、尾矿库、矿山道路、边坡坡面及矿山工业设施区等的复绿工作,不具有实质性难度,而对于最底部的采坑平台,其治理措施是石灰岩矿区地质环境恢复治理的重点,也是难点,若为山地露天开采,则底部平台最低标高一般高于地下水位,闭坑后底部平台不会积水,此时若暴雨天气条件下矿区能自然排水,则多采用覆土植树造林措施。

# 12.7　石灰石矿山土地资源治理

土地资源的占用与破坏对象包括基本农田、耕地、林地或草地、荒地或未开发利用土地4大类。

平原区石灰岩矿的开采多破坏基本农田、耕地、荒地或未开发利用土地,而山地石灰岩矿开采则多破坏林地或草地、荒地或未开发利用土地。实际上,石灰岩矿区土地资源一经破坏,则难以得到有效恢复,尤其是农田及耕地,该类型土地资源的恢复治理基本上是假命题。而对于林地或草地、荒地或未开发利用土地,则可以在一定程度上得到恢复。

因此,总体上,石灰岩矿区土地资源恢复治理难度较大,效果不理想,如何科学、有序且高效地重新利用石灰岩矿区土地资源,是以后矿山地质环境恢复治理的重点研究方向。

# 12.8 地质环境恢复治理的政策措施

随着经济的发展,人们对工业矿物原料的需求将日益增加,开采量将与日俱增。若不采取必要的措施,任重开发、轻保护的现象延续下去,由此造成的地质灾害将愈演愈烈,各种地质灾害和危害程度势必日益加剧。环境保护已刻不容缓,治理整顿必须从现在做起。我们既要金山银山,也要青山绿水。

针对豫北地质灾害类型多、分布广、对经济和社会影响大等特点,要做好地质灾害的防治,必须从以下几个方面做起。

## 12.8.1 依靠科技创新,逐步提高地质灾害防治能力及信息化水平

地质灾害防治必须充分依靠现代科学技术方法和手段,高度重视科技进步与创新研究。要利用现代科学技术方法和手段,提高地质灾害防治的综合能力和地质灾害综合勘查、评价与评估水平,利用遥感系统、地理信息系统、卫星定位系统等"3S"技术,提高灾害信息采集、快速处理水平,建立灾害防治信息共享机制,加强地质灾害监测预报,提高抗灾应急能力。要围绕地质灾害防治中出现的关键技术问题和难点,依靠科研机构,及时更新技术,力争有所突破。政府大力鼓励和支持各类科研、开发机构从事防灾减灾研究,并在政策、税收等方面给予一定支持。

要积极做好新技术、新方法、新理论的推广应用工作,建立地质灾害防治专家咨询和技术支撑、交流系统,不断提高地质灾害监测、信息处理、预测预报的自动化、现代化水平及其地质灾害综合防治能力。

## 12.8.2 完善各项基本制度,强化贯彻执行工作

(1)认真贯彻执行建设项目地质灾害危险性评估制度。

凡是地质灾害易发区内进行工程建设的,或编制地质灾害易发区内村庄和集镇规划的,必须开展地质灾害危险性评估工作,并作为一项基本制度,有关部门必须严格把关,切实贯彻执行。

(2)积极建立矿山生态环境恢复保证金制度,推进矿山地质灾害防治工作。

积极推进矿山生态环境恢复保证金制度的建设工作,以经济手段预防地质灾害的频繁发生,积极开展矿山地质灾害勘查、治理等矿山生态环境的恢复工作。

（3）坚持实行汛期地质灾害防灾预案制度。

根据豫北地质灾害的发生特点，尤其是崩塌、滑坡、泥石流等突发性地质灾害，雨敏性较强。因此，及时组织编制年度汛期地质灾害防灾预案是防治工作的关键，应作为一项基本制度，长期坚持并认真落实。

从地质灾害防治的人力、物力配置和临灾应急能力等角度出发，市属交通、水利、铁路、教育、旅游等部门，针对部门职责范围内重大地质灾害隐患区、段、点，都应有本部门汛期地质灾害防灾应急预案，并坚持汛期巡查、速报制度。

（4）尽快开展地质灾害气象预报制度建设，积极做好汛期防灾预报工作。

做好汛期地质灾害的气象预报工作，是防止或减轻地质灾害危害的有效措施之一。为此，各地国土资源局应加强同当地气象局的合作，积极开展地质灾害气象预报制度建设，切实做好汛期地质灾害的气象预警预报工作。

（5）加强部门合作，搞好地质灾害防治。

地质灾害防治工作涉及市属各部门，部门间协调合作是搞好地质灾害防治工作的必要条件。国土资源主管部门要切实做好地质灾害防治的组织、协调、指导和监督工作。交通、水利、建设、旅游、教育及安全管理等部门应按照各自的职责，采取相应措施做好交通沿线、河流沿岸、城镇区、旅游区、学校、矿区等地质灾害防治工作。

## 12.8.3　建立地质灾害防灾减灾系统

地质灾害的防治是涉及多部门、多学科、面广量大的综合性工作，减轻地质灾害要从理学（自然规律）、工学（防治的工程技术）和律学（管理的政策法规）几个方面去研究实施。应充分利用 GIS、GPS、RS 等高新技术，建立地质灾害监测体系和灾情预报系统，并利用已有地质灾害信息网络建成多渠道、多途径的综合信息系统，定量评价地质灾害的稳定性及动态趋势预测，从已知到未知进行分析研究，从中捕捉灾情预警预报工作，做到早防早治，使地质灾害的损失减小到最小程度。

## 12.8.4　加强对矿山尾矿、固体废料的资源化利用，建立生态矿业体系

实施矿山环境影响评估工作，严格执行"三同时"制度和排污收费制度，逐步建立矿山地质环境治理备用金制度，引导矿山企业增加对生态环境保护和污染防治工作的投入，改善矿山环境恢复治理状况。禁止在国家、省和市（区）划定的自然保护区核心区、重要风景区和重要地质遗迹保护区开采矿产

资源;禁止在高速公路、铁路、国道、省道和重要旅游线路可视范围内新办露天采矿,已办的要限期关闭并恢复地貌、植被;严格限制在地质灾害易发区开采矿产资源,严禁在地质灾害危险区采矿。对新建矿山要确定对环境影响的准入条件,必须环境达标;坚持边开采边恢复的原则,对采矿活动破坏的矿山地质环境及时进行恢复治理;对已建矿山要加强监督检查,严格控制"三废"排放;尤其是采石企业,要求边开采边绿化,利用无尘碎石技术降低粉尘污染。对将要闭坑和已关闭的矿山,要提高环境恢复水平,加强矿山生态环境恢复治理和土地复垦,建立动态监测体系。

# 第13章 石灰岩矿边坡稳定性分析

## 13.1 边坡岩体特征及破坏方式

综合豫北地区石灰岩矿山地质构造条件、工程地质条件、水文地质条件和边坡现状分析,矿山边坡及斜坡体具备块体滑移的基本条件,主要表现在以下几方面:

(1)结构面及组合:边坡岩体及上部斜坡体有结构面存在,在地表水的作用下,层间结合力较差。

(2)临空面:矿山经历了长期的不规范开采,形成了高大陡峻的边坡面,边坡面向两侧延伸达 50~1 300 m 以上,多呈半弧形分布。边坡面最大处相对高差达 120 m,一般均在 20~30 m,边坡坡角一般在 50°~75°。因此,为岩块滑移创造了自由空间。

(3)滑移面:根据边坡岩体及斜坡体结构面的方位及组合,同时存在自由临空面,边坡及斜坡体滑移面主要由倾向临空面一侧的构造结构面组成。结构面构成了滑移面,不利于边坡岩体及斜坡体的稳定。

(4)切割面:岩体的滑移是滑移体脱离原来的位置沿一定的方向产生移动。边坡岩体中发育有少量不同方位的构造裂隙面,它们起到切割岩层的作用,同时对滑移体还起到一定的制约作用,即构成了侧向阻力。根据地形地貌及地层产状的分析,矿山南侧山体斜坡面均具有切割面属性,都可以作为滑移体的切割面。因此,矿山岩体的滑移具备切割面。

(5)滑移体的几何形态:根据结构面的围限,结构块体特征表现以长方体或厚板体为主。其破坏方式表现为顺层滑动,且滑动面表现为直线型的单向滑移面,滑移角的大小随岩层倾角的陡缓变化。

上述分析表明:矿山边坡岩体及上部斜坡体,总体具备不稳定性的各类因素,主要类型表现为岩体的滑坡及坍塌。

# 13.2 边坡稳定性综合评价

边坡稳定性评价是一项综合的工作,涉及因素较多,由于矿山边坡形成规模较大、延伸长,根据矿山边坡的实际情况分块段进行评价。

## 13.2.1 岩质边坡稳定性综合评价

岩质边坡及斜坡体是地质、地貌、水文、气候、植被、人类活动等因素相互作用、长期演化形成的复杂的开放系统。人为的开采破坏除造成开采岩面的崩塌外,还进一步导致上部斜坡体平衡的破坏,从而产生大规模的滑坡体。岩土体是构成边坡及斜坡体的物质基础,它由各种不同的岩性组成,同时包含了不同成因、类型和特征的结构面。边坡坡率是影响露天矿山岩土体剪切力、地应力变化和稳定的重要参数,根据国内外大量的边坡崩塌和滑坡资料统计分析,坡度小于25°的斜坡,其崩塌率为0;25°~45°的斜坡,崩塌率为7.6%;45°~60°的斜坡,崩塌率为23.8%;大于60°的斜坡,崩塌率则为68.8%。

## 13.2.2 节理对边坡稳定性影响的分析

通过边坡治理,根据各区边坡的具体情况,对不稳的边坡进行了削坡、清坡,消除了崩塌、滑坡和滚石等安全隐患,大大提高了边坡的稳定性,同时对个别区段进行了坡面支护,这就更进一步增加了边坡的稳定程度。在基本稳定的坡面上进行生态复绿防护工程,通过生态复绿,促使山体植被恢复,这不仅使坡面得到稳定防护的效果,而且改善了生态环境。

由于边坡治理是一项高难度、高风险的工程,为此在这些有效的边坡治理措施后,又采取了在坡顶上修筑防护栏杆、在坡底下设置隔离围栏的安全防护措施。

# 13.3 露天采场边坡稳定性因素评价

矿山的开采方案为露天开采,因此开采边坡的稳定程度是矿山开采中的主要技术条件,影响边坡稳定性的因素较多,如地震作用、大气降水、人为因素等,就本矿区而言,地质结构面的产状和发育程度是边坡变形和破坏的主要因素,结构面延展越广,其稳定程度越低,对矿山开采的危害也越大,反之则小。

### 13.3.1 岩体的软弱结构面

#### 13.3.1.1 层面(层理面)

层理面是岩体在垂直方向上的不连续结构面,在薄层和中厚层岩状岩层中发育,厚层状和巨厚层岩状岩层中不发育。层面的产状与边坡的交切状态影响着边坡的稳定。用赤平投影法分析判定层面与坡面不同交切状态下的边坡稳定性:

(1)岩体层面趋向与边坡走向一致,倾向相反时,边坡不易沿层面滑动,一般是稳定的;

(2)岩体层面走向与边坡走向一致,倾向相同,层面倾角大于边坡角时,边坡不易沿层面滑动,一般是稳定的;

(3)岩体层面走向与边坡走向一致,倾向相同,层面倾角小于边坡角时,层面凌空,边坡分离体有滑移条件;

(4)岩体层面走向与边坡走向斜交,交角为90°时,即边坡与层面垂直(横交坡),这类边坡稳定性好;交角大于40°时,边坡稳定性较好;交角小于40°时,边坡稳定性差。

开采方法是垂直矿体走向布置开采工作面,平行矿体走向推进。开采工作边坡与层面走向垂直,为横交坡,开采工作面的边坡是稳定增长。沿矿体走向推进时,可能出现(1)和(3)两种情况,出现(1)时推进工作边坡稳定,出现(3)时,岩块有滑移条件。

#### 13.3.1.2 裂隙面

裂隙面对开采边坡稳定性的影响取决于裂隙的延伸长度和贯通性,区内二组裂隙面的走向交角为60°~68°,倾向相同,倾角相近,裂隙在走向和倾向均呈折线延伸,贯通性一般,因此裂隙面对边坡的破坏主要沿裂隙坍塌。只有当开采边坡与裂隙组合交线相同、边坡角大于裂隙组合交线的倾角时,才能产生沿裂隙面的滑动。

从上述分析可知,当人工边坡的倾角小于裂隙面倾角时,边坡是稳定的,但易产生坍塌现象,当人工边坡的倾角大于裂隙倾角时易产生同向滑动,边坡是不稳定的。

#### 13.3.1.3 岩溶

矿山岩溶主要形态为地表溶蚀沟槽和溶坑,较发育,但规模不大,频度不高。豫北地区灰岩矿区溶洞一般不发育,仅见于矿体风化岩壁上,规模不大,最大者宽 0.5~0.6 m、高 1.5~2.0 m、深 3.5 m,洞内无充填,无积水。

## 13.3.2 影响边坡稳定性的因素

### 13.3.2.1 裂隙水

矿层及上覆顶底板岩层为裂隙含(透)水岩组,受大气降水补给,并沿裂隙下渗,至层面,再沿层面倾向方向径流排泄至边坡。近边坡的裂隙,尤其是在隔水层顶板上部矿层的底部裂隙,在雨季长期充水,将产生水的静压力和上浮力,改变岩块的应力平衡状态,推动岩块移位。层面在层间裂隙水长期冲蚀、浸泡,特别是相对隔水层面,容易软化降低层间摩擦阻力,在裂隙水的静压力和浮力的作用下,或在爆破震动作用下,容易引发岩块沿软化了的层面滑动、移位甚至滑塌。

裂隙水对岩体边坡变形破坏的因素主要有岩性、岩体结构、水的作用、风化作用、地震、天然应力、地形地貌及人为因素等。

裂隙水在冬季中零下气温条件下,会冻结形成冰楔,其体积膨胀的张应力,将推动岩块移位、滑塌。

### 13.3.2.2 爆破作业

爆破作业时对边坡稳定性的影响是显而易见的,特别是靠近边坡爆破时将严重影响边坡的稳定。爆破产生的冲击波会击碎岩石,形成压碎圈和破裂圈。向外冲击波衰减成应力波,应力波不能引起岩石的破碎,只能引起岩石质点的弹性振动,这种弹性振动是以弹性波即地震波的形式向外传播,造成地面震动,当爆破地震波通过岩体时,会给潜在的破坏面(软弱结构面)以额外的附加应力,使节理裂隙张开,促使边坡岩体沿节理裂隙或层面滑移、滑塌,将会对边坡稳定产生严重的不良影响,必须采取控制措施。

### 13.3.2.3 风化作用

风化作用使边坡随着时间推移而不断产生损坏,最终也可以严重威胁到边坡的稳定。风化速度和风化程度与边坡岩体的岩石构成及气候条件相关。

矿山边坡岩体中薄—中厚层状泥质灰岩、白云质灰岩(矿体夹层)抗风化弱,易成碎块剥落,其上覆的厚—巨厚层状灰岩抗风化能力相对较强,二者之间存在风化差异,时间愈长差异愈大,当薄层状的岩层力学性能降低到难以支撑上覆岩矿层的压力时,厚—巨厚层的岩块体将会滑崩,边坡受到破坏。

矿山边坡破坏模式:根据各危险因素的分析与识别,对矿山边坡的破坏模式的预测,归纳有三种情况:

(1)小岩块的剥落、散落,多发生在薄—中厚层状岩中。

(2)岩块的滑移、滑崩,即楔形破坏,多出现在厚层—巨厚层状的岩矿层中,其破坏程度视节理裂隙的发育程度。

（3）岩体沿软弱结构面的滑动,即平面破坏。在反倾向采剥的边坡,软弱结构面(层理面)凌空,有平面破坏的条件。鉴于岩矿石的力学强度高,节理裂隙呈曲折延伸,贯通性差,产生大面积的平面破坏的可能性不大。

### 13.3.2.4　地震

地震也是边坡失稳的重要因素,其对边坡的破坏机制与爆破地震波对边坡的破坏机制类同。其破坏程度与地震震中距离、地震烈度有关。

豫北地区地处华北沉降带、太行隆起与秦岭纬向构造的复合部位,广泛发育有东北向、北东向和西北向断裂构造。无论从阶地上看,还是从活动断裂上看或从地震方面看,构造活动的标志都是明显的。所以,本区地质活动频繁,是地应力易集中的部位,具有地震活动的必要条件。

# 13.4　施工中的边坡稳定措施

由于边坡坡高壁陡,边坡稳定性较差,存在着滑坡坍塌的危险,应加强管理,建立严格的边坡管理制度。根据现场情况,设立临时观察点。同时,指定专职安全人员定期检查各处边坡状况。发现问题,及时组织处理,必要时划定危险区,设立醒目标志。当发现坡顶出现有掉块或裂缝等滑坡迹象时,要及时报告有关部门及有关领导,并立即组织撤离危险区的作业人员,并组织力量排除险情。

在整个施工过程中,爆破后要及时清理台阶上的浮石、危岩,防止滚石危及作业人员的安全。要控制好凿岩爆破参数,尽量减少爆破对边坡岩体的破坏。要及时超前修建截、排水沟,以防大气降雨水流侵蚀坡体,影响边坡的稳定性。

# 第 14 章 石灰岩矿山恢复治理绿化技术研究

## 14.1 边坡绿化的意义

边坡绿化即坡面植被重建,其目的在于通过工程绿化和生物防护的手段在工程治理后的坡面上营造植物生长发育的基础,并在其上重建人工植被,使原先裸露的山体边坡得以绿化,受损的生态环境得以恢复。同时,借助植物的保护作用防止水土流失,保持山体稳定。随着植物群落的自然演替和人工的适当辅助,逐渐创造森林化的边坡风貌。裸露边坡实施生态复绿后,不仅能改善整个公园的自然面貌,强化其各项功能(旅游、休闲、娱乐),还能拉动当地房地产的升值,提升市容市貌形象,促进旅游业的进一步发展,必将受到百姓的拥护和关爱。

## 14.2 边坡工程整治原则

(1)边坡治理及生物防护工程对自然环境及人文的作用十分重要。随着国民经济的发展与人民生活水平和素质的提高,人民对生活和环境的要求也越来越高,对发展经济和环境保护关系的认识有了明显的变化。人们充分认识到发展经济的同时也要注重保护和改善环境,只有在优美的环境中才能更好地发展经济,才能促进社会经济可持续发展。

(2)采用部分削坡的方法,可将边坡上的悬挂岩块、松动岩石、危险部分削掉,使边坡趋于稳定。

(3)未进行削坡的边坡由于坡面存在一些松散岩块、较大块的危岩和不规则岩块,也要采用清坡的方法对其作系统的清理,以消除安全隐患并使坡面平整。

(4)对坡面及马道进行综合复绿的生物防护工程不仅有利于改善生态环境,而且有利于固坡和防止水土流失。

(5)由于边坡岩体受断层节理的影响,不同程度地遭到破坏,因此对岩石质量较差的区段或部位,需要采用锚杆、框架、浆砌石块等方法进行稳坡或护坡。

（6）由于边坡高度大、坡角陡，为了确保行人的安全，有必要在主坡面顶部修建防护栏杆。

（7）经过整治后的边坡，基本达到稳定状态，大的安全隐患得到消除，但由于边坡高陡，边坡虽然经过治理，但不可能确保一个小岩块也不会掉落下来。由于自然影响作用，如风雨水流作用、雷电、冻融作用、风化作用、地震等，都会对坡面产生破坏。为此在坡底外设置防落石网或隔离围栏是必要的，以警示人们不能靠近坡脚。

（8）采取部分削坡、部分清坡、局部加固、主坡面顶部修建防护栏杆、坡底外设置防落石网或隔离围栏、边坡坡面和平台上综合复绿等措施。

# 14.3 生物防护设计原则

（1）稳定边坡原则。以植被的固土护坡作用为第一考虑。

（2）生态适应原则。植物是有生命的有机体，它既有自身生长发育的特征，又与它所处的生态环境有密切的联系。对植物的选择要根据焦作地区的气象、水文、地质状况和边坡特点，挑选配置适应工作地特殊生境条件的植物种类和组合，因地制宜，适地适树（草），而不能简单地套用平地园林绿化的种类和手法。

（3）景观协调原则。边坡上营造的植物景观既要与山上的植物景观相融合，又要与坡下公园的植物景观相呼应，同时又要符合豫北地区的自然植被景观格调，让当地民众可接受。

（4）快速有效、经济实用原则。现有边坡如不加以处理，任其自然演替长出植被，至少需要千百年时间，采用工程绿化就是要缩短其自然进程，在3～5个月内复绿，1～2年内初见成效，3～5年内展现立体的乔、灌、草、花层次，取得良好的社会效益和经济效益，让工程真正为百姓造福。

# 14.4 边坡绿化设计目标

（1）远期目标（15～20年后）。营造有较强固土护坡效果和较好景观效果的以灌木为主体、草和地被植物大面积覆盖、小乔木局部点缀且能自然协调生长和演替的植物群落。

（2）中期目标（3～5年后）。营造有较强固土护坡效果和较好景观效果雏形的以灌木为主、草坪地被植物为辅、适当点缀花卉且基本上能达到免养护或简养护状态的植物群落。

(3)近期目标(1年后)。营造能在坡面生长并有较强固土护坡效果的草灌结合型且物种丰富度高的过渡性植物群落。

(4)短期目标(3~5个月后)。营造能在坡面存活并有一定护坡复绿效果的草灌结合且物种搭配合理的先锋植物群落。

# 14.5 实现目标的途径与方法

## 14.5.1 实现目标的程序

矿山生态修复的主要任务是边坡稳定性治理和植被恢复,最终目标是恢复植被并回归自然。矿山生态环境治理,主要包括两方面内容,一方面是矿山边坡的排险,消除崩塌和落石隐患,这是治理的基础;另一方面是植被恢复,消除白头山体景观和扬尘污染源头,充分发挥植被的固土、滞尘、涵水、同化和改善气候的生态功能,这是治理的目的。因此,矿山生态环境治理的最终目标是边坡稳定基础上的植被恢复。

植被是地球表面覆盖植物的总称,由于自然地理、气候环境、立地条件和人为干扰程度的不同,可以形成不同的植被类型,如草本植被、灌草植被、各种类型的森林植被,如针叶林、针阔混交林、常绿阔叶林、落叶阔叶林、常绿与落叶阔叶混交林等。

豫北地区地处温带与亚热带的过渡区。研究认为,该区山地森林植被的自然演替规律应该如图 14-1 所示。

图 14-1 豫北山地森林植被的自然演替规律

如果上述推论正确,那么,豫北石灰岩矿山植被修复的最终目标应是针阔混交林或落叶阔叶林。但是,不可能一步到位恢复到最终目标类型上,因为一方面受裸露岩体缺水、缺土、缺肥等特殊立地环境条件的制约,另一方面受树种本身在生长前期需要适当庇荫的生态更新策略的制约。但是,我们可以创造这种环境,让近期的恢复目标明确在某一个自然演替的阶段上,以此促进目标植被类型的自然更新,从而使阶段目标也得到明确,这种阶段目标和最终目标都明确的情况下,才能正确把握矿山植被恢复的效果。

阶段性的目标应为先锋植被的自然更替和当地野生植被的定着,形成创造良好的条件,越逼近周边野生植被类型,相关系数越大,森林化程度越高,群落的稳定性就越高。所以,要把握最终和阶段性目标,循序渐进而不是急于求成地进行生态修复。

## 14.5.2 实现目标的途径

(1)针对不同的坡面(岩性、朝向、坡度、高度),不同的施工季节采用不同的绿化方法(机械、工艺、基质和种子、种苗配方及配置 )。

(2)针对坡面植物不同的生长发育阶段和不同的类型(木本、草本)实施不同的养护管理,有意识地促进或抑制某些植物的生长。如复绿早期以草为主;中期草、灌结合;后期以灌为主,以乔(小乔)为辅,以草为次,适当点缀花卉,营造植被景观。

## 14.5.3 实现目标的方法

(1)要在坡面上营造新的植被,首先要在岩石边坡上营造植物生长基础——基质。通常借助客土喷播机或空压机将植生基质喷射到挂钉好网的坡面上并使之良好地附着,而不会流失。同时,基质层的结构和理化成分能提供植物生长发育的需要。

(2)坡面植物的选择。边坡生态防护的植物选择应满足以下要求:

①适应当地气候,抗旱性强;

②根系发达、扩展性强;

③耐瘠薄、耐粗放管理;

④种子来源丰富,发芽力强,容易更新;

⑤绿期长,最好多年生;

⑥成苗容易并能大量繁殖;

⑦播种栽植的适应期较长。

同时,还要考虑到抗病虫害能力强,养护管理简单,工作量小,成本低。

# 14.6 主要绿化施工工艺

## 14.6.1 厚层基材喷播绿化技术体系

### 14.6.1.1 厚层基材喷播绿化工艺介绍

厚层基材喷播绿化技术是利用空气压缩动力装置将预先配置并搅拌均匀的植物生长基质材料连同绿化种子按设计要求喷射到挂网后的坡面上实现快速强制绿化的一种边坡绿化新技术(见图14-2)。厚层基材护坡材料主要有植生基质、锚杆(钉)、铁丝网三部分组成。其特点为:①护坡效果好,防雨水冲刷能力强;②适用高陡边坡;③有利于植物生长;④施工容易,价格合理。

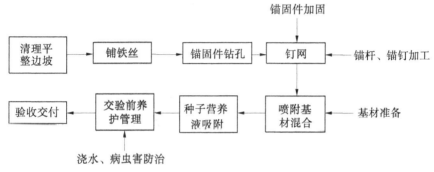

**图** 14-2 **厚层基材施工工艺流程**

### 14.6.1.2 工程原理

厚层基材喷播护坡依靠植生基质、锚杆(钉)、铁丝网与植被共同作用对坡面进行防护。

植生基质:植生基质中的高分子材料使其在各类不同坡度(甚至垂直)的岩石坡面上稳定附着而不致滑落。在植物长成前,它的存在可减轻降雨对坡面的冲刷,在植被长成覆盖坡面后,它可与植被共同作用,保护坡面。

锚杆(钉)与铁丝网:锚杆(钉)与铁丝网协同作用,与基质紧密地连接起来,使喷射的基质与坡面岩石体形成一个更稳定的整体,达到保护坡面的目的。

植被:植物根系深入土层盘根错结,可形成具有优良保护性能的庞大根系系统。根系可侵入土壤母质裂纹等深层,促使土壤母质和风化土层达到有机的结合。它与铁丝网、锚杆一起作用达到保护坡面稳定的目的。降雨是诱发滑坡的重要因素之一,边坡的失稳与坡体水压力的大小有着密切的关系。植物通过吸收和蒸腾坡体内水分,降低土体的空隙水压力,增加土体内聚力,提高土体的抗剪强度,有利于边坡体的稳定。降雨的一部分在到达地面前被植被截留,这样可以减少雨滴对地面的冲击力,避免发生水土流失。到达地面的降雨在土壤达到蓄满产流时形成地表径流而可能引发进一步的土壤流失,植被能够抑制地表径流并削弱雨滴溅蚀,从而能控制土粒流失。

### 14.6.1.3 材料组成与功能

植生基质:植生基质主要由植物种子、种植土、黏合剂、土壤改良剂、生物菌肥、缓释肥、保水剂等材料按一定配比组成。其功能是:改良土壤理化性质,土壤团粒结构合理,土质疏松,利于植物根系营养、水分的吸收,土壤层内毒气排放顺畅,为植物生长营造良好的环境;独特的养分缓释供应体系,养料充足且适当,为植物生长提供长期甚至终生所需的养分;通常的岩石边坡,只有蒸发而没有地下水源的补给,且坡面没有遮拦,特别是迎风面,水分极易挥发,风干的速度比地面快很多倍。但是植生基质具有保水功能,它使水分不易蒸发,吸水能力强,避免植物因缺水而死亡;基质抗旱耐寒性强,增强植物抗旱耐寒性能,增强其生命力。

锚杆:锚杆长度可据具体的坡面情况而定。其功能是:固定铁丝网,与铁丝网一同起到稳定坡面的目的。

铁丝网:其功能是加固基质,与锚杆(钉)共同作用,保证高陡岩石边坡的稳定;协同作用,防止坡面表层局部剥落。

## 14.6.2 植物选择

(1)总体要求:裸露岩石边坡采用厚层基材生态防护工程技术进行植被恢复,植物繁殖采取以播种(坡面)为主、适当栽植的方式,草木结合。

(2)按照适地适树的原则。选择具有野趣、季相变化的当地乡土树种。师法自然,充分体现当地的地带性植被特征。坚持应用乡土树种,使人造景观同当地的景色相协调,设计规划显现出当地的特色。同时,模拟自然的人工群落能够形成适宜的生态环境,从而使环境的各个组成要素相互和谐,相互促进,充分发挥自然界自身的调节能力,保持生态的相对平衡。而且适宜的生态环境能够吸引各种生物到此栖息生长,发展生物多样性,为鸟类、昆虫等生活提供良好的人造环境,使景观更具有自然特征和生命力。

(3)选择的植物必须耐干旱、贫瘠,抗风能力强,管理粗放,以减少后期管理成本。

（4）乔、灌、草有机结合。保证四季有绿、二季有花,季相色彩分明。

（5）尽量选用适合当地生态环境和生长环境的次生先锋树种,结合速生的草本品种作为实生种植配方,营造以低矮次生植被为主的目标群落。

（6）在坡体适宜的位置利用穴盘苗进行绿化,在缓坡、地面部分移栽部分苗木,以保证当年实现绿化效果。

# 14.7 石灰岩矿山山体恢复治理的主要方法及边坡治理方案对比

## 14.7.1 堆坡绿化

该方法的优点是施工方法简单,能将废弃采场内的废弃矿渣充分利用。缺点是由于堆坡稳定性及平台的局限性,基本是适用于高度 < 15 m 的边坡。该方法主要是将采矿废弃地的矿渣,按 10°左右的坡度堆在边坡前部,表层覆土植树绿化,树种选择以刺槐、火炬树、臭椿等乔木为主。边坡底部和顶部种植爬墙虎、牵牛等攀爬植物。为避免雨水对覆土的冲刷或下渗,在坡面上撒播草籽,稳固覆土,并修建截排水沟。坡面在回填废渣顶部,覆土底部回填约 1 m 厚的矿渣 + 土,矿渣和土的比例按级配比例确定。

## 14.7.2 削坡平台绿化

削坡平台绿化是焦作地区高陡边坡绿化中常见的施工方法,该方法的优点是施工方法简单,后期养护成本低。缺点是由于要修建平台,故要向边坡后部削方,对于后部特别陡峭且高陡地段,由于削方量太大,而且削坡也间接地破坏了原有的植被。因此,该方法适合有后退空间的高陡边坡。对于边坡后缘比较平缓,或已基本到山脊的高陡边坡,由于削方量一般不大,加上后期养护成本低,削坡平台绿化是这一类高陡边坡的首选方案。该方法是根据规范确定削坡最终边坡脚,焦作灰岩地区一般按 60°选取。从上到下逐级削坡,爆破采取光面爆破,修建若干个平台,每个平台高度一般为 10 m,平台宽度为 2 m,在平台外侧修建 50 ~ 80 cm 挡土墙,内部覆土,栽种乔木或灌木,内侧种植攀缘植物。

## 14.7.3 清理危岩及挂网喷播绿化

该方法适合没有后退空间,但坡面坡度 < 70°的边坡。这一类边坡由于边

坡后部特别陡峭且高陡,如果采用削坡平台法,削方量非常大,而且又形成了更高的边坡,由于坡度 <70°,适合喷播绿化。因此,此类边坡宜选用清危 + 挂网喷播方法。该方法的优点是可以减少削方量,减少对周边环境的破坏,而且覆绿后视觉效果很好。缺点是由于豫北地区降水量较少,属半干旱区,为保证成活率,后期养护费用较高。该方法首先对边坡上存在的危岩体进行清除,然后采用人工对坡面进行修正、整平,清除不利于草种生长和规范不允许的所有杂物,使坡面尽可能平整,以利于客土喷播施工;对于光滑岩面,要通过挖掘横沟等措施进行加糙处理,以免客土下滑。然后采用镀锌铁丝挂网。挂网从上到下操作,注意坡顶网材的粗长锚杆加固,且网与网之间搭接重叠。镀锌铁丝网之内与岩石接触处平行布设直径为 5 ~ 7 cm、长度为 1 ~ 2 m 的植生管状袋,用细铁丝结扎固定到网上。上下两行管状袋间的间距为 50 cm。用直径为 10.0 mm 冲击电钻在坡面上钻孔 17 ~ 25 cm 后,用直径为 6.5 ~ 8.0 mm、长为 15 ~ 25 cm 的锚钉(孔内可加木筷子作加固用)将网材固定在边坡岩面上。最后喷射厚层基材,硬岩坡面上的喷播平均厚度为 10 ~ 12 cm,保证不小于 10 cm;在坡脚堆坡回填处的土质坡面上喷播平均厚度为 3 ~ 5 cm。

几种边坡治理方案对比见表 14-1。

表 14-1　边坡治理方案对比

| 方案 | 方　法 | 优　点 | 缺　点 |
|---|---|---|---|
| 一 | 采用削坡、清坡、加固、修建防护栏杆、综合复绿的方法 | 施工难度小,工期相对短些,较现实 | 施工较严格,要移栽部分原种植的树木 |
| 二 | 先以台阶形状进行削坡,再进行综合复绿 | 施工较单一,有利于复绿 | 开挖土石方量大,会挖掉较多原种植的树木 |
| 三 | 清理危岩,采用长锚杆、大型防护网综合加固、综合复绿 | 可保住目前山顶上种植的树木 | 施工难度大,风险大,复绿难度大 |

### 14.7.4　锚杆、框架护坡

由于经过削坡、清坡后局部还存在不够稳定的地段,为确保永久性边坡整体的稳定,有必要进行加固。需采用锚杆、框架护坡(见照片14-1),锚杆加固具体位置可根据边坡实际情况来定,可结合护坡框架统一考虑。

### 14.7.5　岩壁打孔穴栽

没有后退空间,但坡面坡度大于70°的边坡,采用挂网喷播成活率太低,对于此类边坡采用岩壁打孔穴栽方法。该方法是在高陡边坡上打孔,孔径一般148 mm,孔间距1 m×1 m,孔与地面夹角45°,孔深50 cm。孔内覆营养土,栽种低矮灌木或草本植物。孔尽量选取在原坡面节理裂隙地带,这样地下水可以顺节理裂隙到达孔内,保证植物的生长所需要的水分,减少后期养护成本。

## 14.8　山体覆绿需要考虑的因素

(1)气候:当地气候对植物生长起着至关重要的作用。如豫北地区属于典型的温带大陆性季风气候,日照充足,冬冷夏热、春暖秋凉,四季分明。

(2)岩性、成土母质:成土母质种类和土壤形成时所处环境条件等因素的影响,使它们在养分的含量上有很大差异,尤其是植物能直接吸收利用的有效态养分的含量更是差异悬殊。

(3)地势:阳坡受太阳辐射大,水分蒸发量也大,阴坡受太阳辐射小,坡面水分含量高,易于植物生长。陡坡输水性好,持水性差,植物生长的养分易被水流携带损失;缓坡地势平坦,土壤不断积累,养分充足,水流缓慢,水分充足,宜于植物生长。适合石灰岩钙质土壤的植物主要有龙柏、黄檀、石栎、栾树、乌桕、榆树、石楠、杜仲、核桃等(见表14-2)。

(4)植物适应性:不同经、纬度地带,都有其独特的植物,说明植物生长具有自己的适应性。在进行矿山恢复治理中,一定要考虑附近植物种类,最好种植当地易于成活的植物。

表 14-2　中国北方几种植物生长习性

| 植物名 | 科名 | 生长习性 |
|---|---|---|
| 爬山虎 | 葡萄科 | 喜阴湿,耐寒,耐旱,耐贫瘠 |
| 马齿苋 | 马齿苋科 | 耐热、耐旱,适宜在温暖、湿润、肥沃的壤土或沙壤土中生长 |
| 野牛草 | 禾本科 | 阳性,耐寒,耐瘠薄干旱,不耐湿 |
| 白羊草 | 禾本科 | 耐践踏,喜温湿,耐旱,耐贫瘠,耐盐碱,耐牧,休眠期耐火烧,侵入性强,种子生产能力高 |
| 羊胡子草 | 莎草科 | 稍耐阴,耐寒,耐干旱,耐瘠薄,耐踏踩 |
| 石榴 | 石榴科 | 中性,耐寒,适应性强 |
| 杏 | 蔷薇科 | 阳性,耐寒,耐干旱,不耐涝 |
| 枣 | 鼠李科 | 强阳性,对气候、土壤适应性强。喜中性或微碱性土壤,耐干旱瘠薄,对酸性土、盐碱土和低湿地都有一定的忍耐力 |
| 核桃 | 胡桃科 | 阳性,耐干冷气候,不耐湿热 |
| 柿树 | 柿科 | 喜光,耐寒,耐干旱瘠薄,耐石灰质土壤,不耐水湿和盐碱 |
| 刺槐 | 豆科 | 喜光,稍耐阴,耐寒,耐干旱瘠薄,耐轻盐碱,忌涝,抗空气污染,抗风 |
| 山楂 | 蔷薇科 | 喜光,耐寒,喜排水良好土壤及冷凉干燥气候 |
| 蔷薇 | 蔷薇科 | 喜光,不耐阴,喜温暖气候,耐寒,不择土壤,耐干旱,也耐水湿,性强健,生长快,萌蘖力强 |
| 皂角树 | 豆科 | 喜光,稍耐阴,在石灰质及盐碱甚至黏土或砂土中均能正常生长 |

# 14.9　边坡绿化施工技术方法

完成削坡、清坡工作后,在满足工程设计要求的基础上,通过对当地相关的地质、气象、水文资料的详细分析,在本项目施工中采用了以厚层基材喷播绿化为主,在局部弱风化的、边坡坡角大于85°的边坡辅以多功能植生槽的技术工艺方法,同时结合播种、扦插、土壤改良、施肥和保水保湿技术及其他防护、绿化技术方法,对岩体边坡进行强制性复绿,取得了良好的绿化效果。厚层基材喷播绿化的基本构造如图14-3所示,主要由锚杆、网和厚层基材三部分组成。

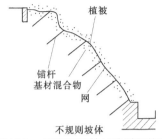

**图 14-3　坡面厚层基材喷播结构图**

# 14.10　网施工

(1)铺网:将镀锌铁丝网自上而下或自下而上铺设于整个坡面,纵向拉紧,网间要求有重叠搭接(一般不得小于两个网孔—100 mm)并作固定,上下两网要连接牢固(用$18^\#$~$22^\#$铁丝扎紧);网下按设计图纸布置植生管状袋。

(2)钉网:利用电钻钻孔,孔向与坡面基本垂直,最小不得小于70°,之后用L型钢钉固定铁丝网,锚钉密度3~5 枚/m²;对于个别不平的坡面,应增加锚钉密度;最上部的锚杆要用风钻打在坚实的岩石上,角度(与坡面垂直)、孔径(10 mm)与深度(150 mm)都要符合设计要求,注浆加固(砂浆标号M20)。

(3)对风化程度较高或碎石较厚的边坡,用$\Phi40\times400$竹(木)钉加密,固定铁丝网。

(4)为增加基质层厚度,网与坡面的贴面间距为4~6 cm,必要时加小木条衬垫于铁丝网的内侧,以增加基质层厚度。

挂网施工见图14-4及图14-5。

**图 14-4　铁丝网铺设**

**图 14-5　网的固定**

# 14.11 基材喷播

基材喷播流程如下：

坡面清理平整边坡→铺铁丝网→锚固件加固→喷射厚层基材→覆盖无纺布→养护→交工验收。

# 14.12 喷播方法

（1）喷播前清除坡面碎石、浮石，打掉突出岩石，使坡面尽可能平整，以利于厚层基材和岩石的完全结合。

（2）搅拌基材，根据搅拌机大小，按基材的配比计量拌和。

（3）基材混合后的理化性质满足设计要求；在面层喷射层拌料时加入混合植物种子；混合植物种子选用设计确定的物种，种子用量保证草本覆盖率在85%以上，乔灌木≥3株/m$^2$。

（4）用专用喷射机械将基材（连同种子）喷附到坡面上，基质层厚度不小于8～10 cm。

（5）喷射厚层基材时，喷枪口距岩面1 m左右，加水量保持在厚层基材不流不散为适当；分基层和面层二次喷射，在基层喷射过程中，注意坡面的二次找平。

（6）在面层喷射层完成后，覆盖28 g/m$^2$的无纺布进行保墒，营造种子快速发芽环境。

（7）种子发芽前保持厚层基材呈湿润状态，喷水设备采用自动喷灌系统喷洒，严禁高压水头直接喷灌。

# 第15章　矿山水土保持及土地复垦

## 15.1　环境条件

豫北地区石灰岩矿区大多地处太行山东麓中低山区及平原过渡的低山丘陵地带,矿区出露地层简单,岩层基本上呈单斜形态产出,总体倾向北及北北西,倾角平缓,一般在5°~15°。区内出露地层主要为奥陶系中统上马家沟组地层,在低缓山坡及沟谷地带发育第四系全新统亚砂土、亚黏土及残坡积物等。区内黄土层较薄,多数地方岩石裸露,植被及覆盖物很少。矿区属大陆性半干旱气候,冬冷夏热,四季分明。年平均气温13.9 ℃,最高气温42.5 ℃,最低气温 –18.4 ℃。年平均降水量578.6 mm,年蒸发量1 928.1 mm。雨量多集中于7~8月,最大日降雨量177 mm。10月下旬至翌年4月上旬为封冻期。矿区风向以东北风为主,年平均风速2.4 m/s,每年3~5月以及12月至翌年2月是大风集中阶段,大风强度一般6~7级,维持12~24 h者居多。年无霜期为211.7 d,年日照时数约2 446.9 h,日照百分率56%。

## 15.2　采矿引起的土地复垦的措施

矿山引起水土流失的地段有采矿场和废石场。其水土保持和土地复垦的措施如下。

### 15.2.1　采矿场

矿山开采结束后,原始生态环境已不复存在。整个采空区都是裸露的岩石,恢复和重建生态环境是矿山采矿工程完结后的后续工程。对采空区须进行覆土整治。覆土厚度0.5~1.0 m,同时种植植被进行水土保持与土地复垦。

对已经形成"造型"的小型边坡山体,设计中予以留置。在采矿生产过程中也要注意保留,以美化自然景观。

### 15.2.2　废石场

废石场水土保持工程主要是防止泥石流的产生,除前面所述的开挖截水沟、堆石坝、石笼坝等综合防护措施外,还需在废石场表面覆土种植植被,特别是在边坡上种树植草,防止边坡水土流失,减少洪水冲蚀,使生态环境逐步得以恢复。

# 15.3　水土保持及土地复垦方案

## 15.3.1　方案制订的原则和目标

豫北地区石灰岩矿区均属温带大陆性气候,导致水土流失的主要因素是矿山采用露天开采,废石量较大。因此,必须制订水土保持与土地复垦方案。方案制订的原则是预防为主、全面规划、综合治理。其目标是把矿山建设和开采过程中引起的水土流失量减小到最低限度。

## 15.3.2　水土保持及土地复垦具体方案

(1)由于矿区所在地覆土薄厚不一,为节约复垦成本,在投产以前,首先将露天采矿场等地的土壤收集起来,集中堆放于废石场附近。

(2)为防止废石流失,矿山基建废石及生产废石均利用汽车运往废石场集中堆放,废石场下部还需设置拦石坝,上部用铁丝笼围护。

(3)根据地形及建构筑物摆放形式,因地制宜地在矿区道路两旁、矿区边角空地广泛种植适宜于本地生长的花草,搞好绿化,美化环境,同时起到水土保持作用。

(4)除修建废石场外,在开挖边坡后不稳固的地段均设有挡土墙,部分路段还设有截排水沟。

(5)矿区的主要复垦工程及工艺流程包括:清理废石、平整场地、回填土层、种植植被。

(6)废石场服务期满后,要覆土种草,恢复生态环境。

废石场服务期满后,先经过一年时间风化,然后进行场地平整,覆土造田。为确保复垦效果,先在底层废石上铺一层1.5 m厚的低肥效的岩石垫层,然后再铺垫厚度不小于0.5 m的土层。

(7)最终露天台阶及露天底均覆土种草。

(8)草种以适宜在当地生长的草种为宜。

(9)复垦后土地用途说明。

由于矿区采矿场和废石堆场所占地多为荒地,有小部分可耕地。因此,复垦的主要目的是植树种草,恢复植被,减少地表裸露面积,保护和防止水土流失。将采矿对环境造成的影响降至最小,使该地区的生态环境得以恢复。

# 15.4  方案实施措施

## 15.4.1  组织领导施工

矿山企业领导要重视水土保持工作,设计既注意节约投资,又重视水土保持工作。在今后的矿山管理中,要加强对水土保持工作的管理,使水土流失控制在最小限度内。

## 15.4.2  技术措施

工程设计贯彻水土保持工作,做到同时设计、同时施工、同时投入使用。设计的水土保持方案要认真贯彻和执行,在生产中还要做好维护与保养工作,特别要加强废石场的管理,这是企业水土保持的重点。

## 15.4.3  水土保持防治分区

防治分区可划分为露天采场、工业场地、矿山道路、临时排土场四个水土保持防治区。

## 15.4.4  水土流失的防治措施体系

水土保持防治措施布设总的指导思想为:建设期以工程措施、临时防护为主,植物措施和土地整治措施有机结合,临时性措施与永久性措施相结合,充分发挥工程措施控制性和时效性,保证在短时期内遏制或减少水土流失。建设期完成后利用植物措施和土地整治措施蓄水保护新生地表,实现水土流失彻底防治,并绿化美化环境。其防治体系框图见图 15-1。

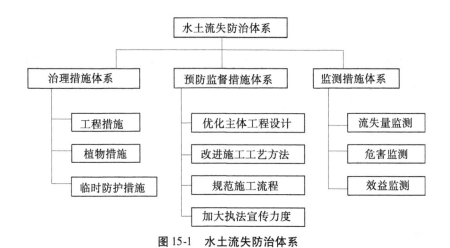

图 15-1　水土流失防治体系

# 第16章 矿山生态环境保护与恢复治理

坚持"谁开发谁保护、谁污染谁治理、谁破坏谁恢复",资源开发利用与生态环境保护并重的原则;坚持矿山生态环境保护和次生灾害控制以预防为主、防治结合的方针,建立矿山生态环境监测网络体系,做好生态矿业示范区建设。

## 16.1 新建矿山的生态环境保护

### 16.1.1 新建矿山对环境影响的准入条件

新建矿山必须严格执行国家、省、市矿山建设的环境准入条件,严格限制对生态环境破坏具有不可恢复的矿产资源开采活动,禁止在重要风景名胜区、重要地质遗迹保护区和重点文物保护区,以及军事禁区、大型水利工程设施所圈定的范围内开采矿产资源;禁止在城市规划区,铁路、国道、省道、旅游道路沿线两侧规划禁止范围内进行露天采矿;禁止在地质灾害危险区开采矿产资源,限制在地质灾害易发区开采矿产资源,严格控制在生态功能保护区内开采矿产资源。

### 16.1.2 严格矿产资源开发利用方案和环境影响报告书中对生态环境影响内容的审查

新建矿山必须符合国家、省、市矿山建设的生态环境准入条件。在勘查阶段,应查明矿区环境地质条件,提出防治对策建议;矿山设计和基建阶段要分别进行环境影响评价与建设用地地质灾害危险性评估。

### 16.1.3 制订矿山生态环境恢复治理方案

矿产资源开发利用方案中必须包括水土保持方案、"三废"达标排放方案、土地复垦方案和地质灾害防治方案,实行开发与治理同步政策。

# 16.2　现有和闭坑矿山的生态环境保护

（1）加强对矿山生态环境保护的监督检查。

加强对矿山可能遭受或采矿活动可能诱发的崩塌、滑坡、泥石流、地裂缝、地面塌陷等地质灾害的监测、预报与防治，避免或减少矿山次生地质灾害的发生。严格对矿山闭坑报告的审查和矿山环境恢复、水土保持、土地复垦、地质灾害防治等方案完成情况的监督、检查与验收，提高环境恢复水平。

（2）矿产资源开发利用的生态环境保护。

严禁在生态功能保护区、自然保护区、风景名胜区、森林公园、地质公园内采矿。严禁在崩塌滑坡危险区、泥石流易发区和易导致自然景观破坏的区域采石、采砂、取土。矿产资源开发利用必须严格规划管理，开发应选取有利于生态环境保护的工期、区域和方式，把开发活动对生态环境的破坏减少到最低限度。矿产资源开发必须防止次生地质灾害的发生，已造成破坏的，开发者必须限期恢复。已停止采矿或关闭的矿山、坑口，必须及时做好土地复垦。

（3）严格控制采矿中的"三废"排放，提高综合利用水平，防止可能诱发的地质灾害。

坚持资源开发与节约并举，把节约放在首位，依法保护和合理使用资源，提高综合利用水平，对不符合国家、省、市有关法律、法规和有关政策规定，"三废"排放超标，造成生态地质环境破坏和环境污染的，要依法查处，责令限期整改、达标，并按国家有关规定给予补偿，逾期不能达标的，实行限产或关闭。

（4）探索新机制，建立多元化、多渠道的矿山生态环境保护投资机制。

按照分类指导、区别对待的原则，对不同类型、不同地区的矿山企业实行不同的扶持政策。对目前正处于生产阶段的矿山，本着谁破坏、谁治理的原则，以自身投入为主，国家资金鼓励性投入为辅；对计划经济时期建设的处于开发后期阶段、经济效益较差的国有矿山企业，采取政策补贴和企业分担的资金投入形式；历史上废弃、已闭坑、无明确责任人和环境问题严重的矿区，以国家投入为主，地方政府配套，可供开发用地的可采取拍卖方式，由开发者投入治理。

（5）建立矿山生态环境保护与土地复垦履约保证金制度。

积极出台矿山环境治理恢复保证金制度和小型矿山闭坑保证金制度，由市国土资源管理部门掌握并监督防治工作，不能按预期要求治理的矿山，则没收保证金,由国土资源部门组织整治。鼓励支持经济发达、环境问题突出的地区,或者有地质环境与地质灾害防治基础,环保意识较强的矿山企业进行矿山生态环境治理恢复工作。

# 第 17 章 石灰岩矿区治理施工安全防护措施

## 17.1 坡面清理安全措施

（1）索、缆、保险绳上部固定：固定在上部能承受拉力及动载的大树下部或固定在经加固处理的上部 $\phi$20 mm 以上钢筋上（双设锚固在岩石中，深度 ≥ 0.50 m）并经现场经理（安全员）检验后方可使用。

（2）索、缆、保险绳（板）与人身固定：必须按规定结设牢固，使用通畅、安全可靠。不可用手握住保险绳走下坡面。

（3）保险绳、缆、索及防护镜、面罩、手套、鞋、工作服、安全帽等必须符合安保要求，使用正确，并做到定时、定人检查其可靠性。

（4）全部工具安全可靠，使用方便。

（5）整坡、修坡时按施工方案施工，重点注意划分作业块，要从上而下进行，循序渐进，不可一蹴而就。剥落的石、土等要自然滚落至指定位置，不可随意抛撒。

（6）施工中上、下部有专人在检查、指挥。如有警示，要立即处理，不可马虎、迁就。施工作业人员发现不安全情况，要暂停施工并立即向现场经理（安全员）汇报，直至问题解决。

（7）作业点遇恶劣天气及岩石松动等现象，停止施工，向项目部直至公司汇报，或采用经公司审定的方案施工。

（8）实行班前交底和班后总结的制度。

## 17.2 挂网安全措施

（1）绳、缆、索、安全帽、防护栏、网等保险装置及装束必须按《安全操作规程》中要求及有关规定做好，确保万无一失。

（2）铺网时，要严格按施工方案或经审批修改的方案进行，施工中禁止有侥幸心理，不可贪多省力，要按程序一步一步从上而下进行，分块作业，决不大面积展开同时作业，以确保安全。

(3)所有装备、设施、材质必须保证合格,并经现场经理(安全员)检验方可使用。

(4)按施工工艺要求如需网上结设植生管状袋,其操作要求按前述,不得不使用保险绳、索或系在网上。

(5)施工中上下一定要有专人指挥,如有警示,立即处理。

# 17.3  喷播安全措施

(1)选定和开设临时施工道路、道口,根据作业范围及机具作业半径,做好现场围护(栏)及警示标志,确保安全有效。并设有专人旁站、指挥。

(2)严格检查机具完好情况及施工作业的安全性、有效性。

(3)项目经理及现场经理必须做好机具与辅助作业班组、人员的共同交底,确保施工中的安全,整体通畅配合。

(4)施工中做好机械、工具及人员的防护和保护,并有应急、应变方案和措施,遇有情况立即实施。

(5)喷播中必须有专人指挥,并有铺、钉网等专业人员跟班作业、修补,如遇警示情况,立即处置。

(6)喷播中按施工方案进行,重点是注意喷播有序、均匀,不可冒进、漏喷及危险操作,安全作业。

(7)喷播结束,要有序撤离,防护栏、网要一次整理到位,并做好警示标志。

(8)加强对机械师和驾驶员的安全教育,不得擅自驶离施工区域或违章操作;为用油设备加油时禁止使用明火。

# 17.4  养护管理安全措施

(1)认真穿戴防护装束,穿防滑鞋,扣好带子;坡顶行走要走内侧,及时清除覆盖小路的杂草、杂物,外侧要做好隔离和警示。

(2)妥善保管农药;打药作业的人员要穿好防护衣具,听从专人管理、指挥;大风天、下雨天不打药;顺风施药;打药后及时洗澡,严禁喝酒。

# 17.5 爆破作业安全防护措施

在均质、坚固的岩石中,当具有足够的炸药爆炸能量并与岩石的爆破性能相匹配,而且还具有相应的最小抵抗线等条件下,岩石中的药包爆轰后,首先在岩体中产生冲击波,对紧靠药包的岩壁产生强烈作用,使药包附近岩石被挤压,或被击碎成粉末,形成粉碎圈。接着冲击波衰减为应力波,它不能直接破碎岩石,但可引起岩石的径向裂隙,并在高压气体的膨胀"气楔作用"助长下形成裂隙圈。在裂隙圈以外的岩体中,应力波进一步衰减成为地震波,只引起岩体振动,构成震动区。地震波强度随远离爆心而减弱,直至消失。爆破振动的危害主要是损坏爆区周围的建(构)筑物,并使人产生烦躁不安等不良情绪。

## 17.5.1 爆破地震安全距离

根据《爆破安全规程》(GB 6722—2003),爆破地震安全距离可按下式计算。

$$R = \left[\frac{K}{V}\right]^{1/\alpha} \times Q^m$$

式中　$R$——爆破地震安全距离,m;

　　　　$Q$——微差爆破最大一段装药量,取 396 kg;

　　　　$V$——地震安全震动速度,一般民房取 2.5 cm/s,钢筋混凝土框架房屋取 3.5 cm/s;

　　　　$m$——药量指数,取 1/3;

　　　　$K$、$\alpha$——与爆破点地形、地质等条件有关的系数和衰减指数,根据本矿山的岩石属性,按 $K=75$、$\alpha=1.5$ 选取。

将有关数据代入上式,计算出矿区爆破地震安全距离:

对钢筋混凝土房屋,$R=57$ m;

对一般砖房、民房,$R=71$ m。

## 17.5.2 爆破冲击波安全距离

矿山中深孔爆破属松动爆破,不进行二次爆破和裸露药包爆破,冲击波对人员或建筑的威胁远不及爆破振动和个别飞散物,可不予考虑。

### 17.5.3 防止个别飞散物(飞石)安全距离

矿山爆破个别飞石一般是指脱离爆区并飞得较远的碎石、岩块。露天爆破或二次破碎大岩块,总有个别岩块飞散得很远,危险很大。爆破产生个别飞石的距离与地形、气象、爆破参数、堵塞质量等因素有关,难以准确计算。据《爆破安全规程》(GB 6722—2003)规定,深孔爆破时,个别飞散物对人员的安全距离不小于 200 m。

爆破危险警戒范围内没有住户,爆破作业是安全的。禁止二次爆破和裸露药包爆破。

# 17.6 其他危险因素分析

风化作用使边坡随着时间推移而不断产生破坏,最终也可以严重威胁到边坡的稳定。风化速度、风化程度与边坡岩体的岩石构成和气候条件相关。

根据各危险因素的分析与识别,对矿山边坡的破坏模式的预测,归纳有三种情况:

(1)小岩块的剥落、散落,多发生在薄—中厚层状岩层中。

(2)岩块的滑移、滑崩,即楔形破坏,多出现在厚层—巨厚层状的岩矿层中。其破坏程度视节理裂隙的发育程度。

(3)岩体沿软弱结构面的滑动,即平面破坏。在反倾向采剥的边坡,软弱结构面(层理面)凌空,有平面破坏的条件。鉴于岩矿石的力学强度高,节理裂隙呈曲折延伸,贯通性差,产生大面积的平面破坏的可能性不大。

在边坡施工中要严格按操作规程执行,边坡高陡,在边坡上作业人员必须在腰上系牢安全绳,安全绳的固定端应牢捆在稳固的钢钎桩上,由专职安全员负责监督检查。

# 17.7 安全机构及救护

## 17.7.1 安全机构及人员配备

为保证安全生产目标的实现,建立安全管理机构,为安全生产决策、指令的实施提供了必要的保证。

(1)矿山设专职安全员 1 人,班、组设兼职安全员 2 人。

（2）专职安全人员，由不低于中等专业学校毕业（或具有同等学力）、具有必要的安全专业知识和安全工作经验、从事矿山专业工作 5 年以上并能经常下现场的人员担任。

## 17.7.2　安全生产管理

安全生产管理，坚持"安全第一、预防为主"的方针。要从以下几个方面注意：

（1）遵守《中华人民共和国安全生产法》和其他有关安全生产的法律、法规，加强安全生产管理，建立健全企业主要负责人、职能机构及各种岗位人员安全生产责任制。

（2）制定安全生产管理制度，明确各岗位职责。有各项安全生产规章制度及档案（安全检查制度、设备管理维修制度、危险爆炸物品管理制度、安全教育培训制度、交接班制度、边坡管理制度、有毒有害气体检查制度、伤亡事故报告处理制度、安全技术措施专项费用制度、安全奖惩制度等）。根据矿山安全生产网络，把安全工作落实到各职能部门，贯穿生产的每个环节当中，实行安全生产责任制，把安全经营目标层层分解到各施工班组。

（3）有规范完善的工作规程和工种岗位操作规程。

（4）按规定为从业人员提供符合国家标准或待业标准的劳动防护用品，并监督、教育从业人员按使用规则佩带使用。

（5）企业依法参加工伤社会保险，为从业人员缴纳保险费。

（6）矿安委会不定期召开会议，听取安全汇报。

## 17.7.3　安全教育和培训

（1）矿山负责人定期接受安监部门和矿山主管部门组织的安全培训，达到矿山负责人应具备的基本安全管理知识水平；矿山技术、安全部门负责人、专（兼）职安全负责人每年度进行一次培训，通过培训了解国家的安全生产方针、政策，明确安全生产工作人员的职能范围，熟悉安全管理工作方法及规章制度，掌握基本的矿山安全技术知识；矿山每年都要组织全矿职工进行安全教育培训，经考核合格后允许上岗。

（2）专（兼）职安全管理人员由安全生产监督管理部门对其安全生产知识和管理能力进行考核，考核合格后，持证上岗。

（3）特殊工种必须接受安监部门的专门安全操作技术培训，并做到持证上岗。

（4）新职工上岗前必须经过"三级"安全教育，并考核合格。调换工种的人员必须接受新岗位安全操作教育的培训、考试合格后，方可上岗。

（5）采用新技术、新工艺、新材料或使用新设备，必须对有关人员进行专门安全生产教育和培训。

（6）认真做好典型教育和事故培训的教育，对所有参加安全技术培训教育的职工进行登记造册，做到有据可查。

## 17.7.4 事故预防

（1）制订生产安全事故应急救援预案。

（2）生产中存在的各类事故隐患，要及时进行整改，并有登记、整改和处理的档案。对暂时无法完成整改的，必须有切实可行的监控和预防措施。

（3）自觉接受上级部门的安全检查。

（4）企业组织有关领导、职工、技术、安全等人员参加对本企业安全生产的定期检查。

（5）日常工作中，矿山专职安全员每天都要到各施工作业区进行安全检查，对检查出来的事故隐患，及时上报、及时纠正、及时处理。

（6）职工对企业的不安全因素进行上报；职工之间相互监督，发现有"三违"行为的当场纠正。在矿区范围内，营造一种"事故是最大的浪费，安全是最大的效益"、"珍爱生命，我不违章"的良好氛围。

矿山露天生产存在凿岩爆破、设备移动操作、扬尘、噪声等危险有害因素，因此要特别注意安全、卫生，确保生产安全，关爱生命，以免给社会、企业和个人造成损失。

## 17.7.5 矿山救护

矿山生产过程中，事故发生的可能性总是存在的，为了抑制事故蔓延扩大，减少人员伤亡和财产损失，应编制矿山事故应急救援预案，以便在发生事故后，各部门各司其职、有条不紊地开展事故救援，最大限度地减少事故损失，尽早恢复生产。

企业须与当地医疗单位签订救助协议，配备通信联络设备，事故发生时可以得到医疗单位的帮助。

# 第 18 章　数据库建设

## 18.1　数据库建设基础

根据当前软硬件配置使用情况,从经济、实用、稳定、兼容性、可扩容及可移植性等方面综合考虑,同时考虑便于数据库的实际应用情况,确定本次工作环境主要配置如下:

Pentium Ⅲ 以上计算机,Windows 2003 以上操作系统,Microsoft Access 2000 以上版本软件及打印机等。

首先对工作底图进行扫描、数字化,经校核无误后,在输出的工作底图上进行设计。竣工后,根据实际施工情况编制竣工图。对竣工图扫描、数字化录入、校正之后进行图形编辑、修改、质量检查,最后集成系统。

## 18.2　数据库组成

通过对采石场地质环境恢复治理工程的组成、结构及特点分析,确定采石场地质环境恢复治理工程数据库由文档库、图形库和影像库组成,见图 18-1。

### 18.2.1　文档库

文档库由《××采石场地质环境恢复治理工程项目任务书》、《××灰岩矿采石场地质环境恢复治理工程设计书审查意见》、《××灰岩矿采石场地质环境恢复治理工程项目验收材料》、《××灰岩矿采石场地质环境恢复治理工程项目原始资料》、《××灰岩矿采石场地质环境恢复治理工程竣工报告》等文档组成。

文档库以 Word 文档提供,数据类型为 Microsoft Word/ ∗ . doc。

### 18.2.2　图形库

图形库由"××灰岩矿采石场地质环境现状图"、"××灰岩矿采石场地质环境治理规划图"两副图组成。

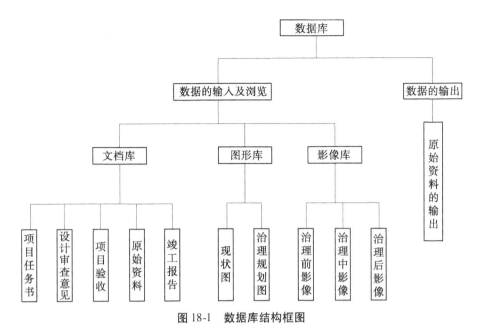

图 18-1　数据库结构框图

图形库用 MapGis 编辑,以图片/ ∗JPG 格式提供。

### 18.2.3　影像库

影像库由工程治理前影像、治理中影像、治理后影像三部分组成。

影像库包括工程实施各阶段形成的照片等资料,以 Microsoft Word/ ∗.doc格式提供。

# 18.3　数据库开发与实现

数据库建设从实际需要出发,在提供必备的基本功能的基础上,用面向用户的开放灵活的思想设计和开发,并不断地根据需要进行扩展。考虑到这一要求,需拟定分阶段开发的目标,首先按照有限目标原则,在经济、技术许可的范围内,开发满足当前地质环境治理所需的数据库,投入实际运用,并进行完善和提高。

不应用现有的数据库系统开发工具进行开发,不但是巨大的浪费,而且对非计算机专业的技术人员来讲也不实际,且不易为生产单位接受。地质环境治理数据库系统的开发应具有较高的起点,充分使用现有的软件成果,避免软件开发的重复性。Access 工具软件已在生产单位中推广应用,利用 Access 开发工具开发本数据库无疑是一个较好的选择。它不但降低了开发难度,而且缩短了开发周期,还便于应用。

# 18.4　计划入库实物工作量

数据库建设的主要内容是与治理工作相关的文字、图件、影像材料。文字材料主要包括设计书、设计审查意见、施工原始资料、竣工报告;图件主要包括治理规划图、治理前后测绘的地形图、治理后工程平面图;影像材料包括项目专题片、治理前图片、治理中图片、治理后图片。入库材料严把材料质量关,建立项目部质量检查监督机制,严格履行质量检查程序,认真对照原材料进行检查。

# 参 考 文 献

[1] 孙越英,刘富有,章秉辰,等. 焦作市矿产资源开发利用现状及发展方向[J]. 矿产保护与利用,2005(3):8-11.
[2] 孙越英,王子刚,徐宏伟,等. 焦作煤矿区主要环境地质问题与对策研究[J]. 地质灾害与环境保护,2006(3):5-7.
[3] 河南省地矿局水文地质一队. 河南省焦作地下水资源评价报告[R]. 1984.
[4] 河南省地矿局水文地质一队. 中华人民共和国区域水文地质普查报告. 郑州幅1:20万[R]. 1986.
[5] 河南省地矿局第二地质队. 焦作市地质环境报告[R]. 2004.6.
[6] 焦作市环境保护局. 焦作市生态环境保护规划[R]. 2002.9.
[7] 河南省地球物理工程勘察院. 焦作市地质灾害防治规划[R]. 2003.3.
[8] 河南省地质矿产厅第二地质队. 河南省博爱县王窑矿区溶剂灰岩矿勘探报告[R]. 1984.
[9] 河南省地质矿产厅第二地质队. 河南省修武县回头山矿区水泥灰岩矿勘探报告[R]. 1984.
[10] 河南省地矿局第二地质队. 河南省济源县、沁阳县北部1:5万区域地质调查报告[R]. 1981.
[11] 河南省地矿局第二地质队. 焦作市矿产资源规划[R]. 2010.
[12] 河南省地矿局水文地质一队. 中华人民共和国区域水文地质普查报告. 郑州幅1:20万[R]. 1986.
[13] 河南省地矿局第二地质队. 焦作市地质环境报告[R]. 2004.
[14] 河南省地矿局第二地质队. 焦作市石灰岩资源评价及开发利用研究[R]. 2003.
[15] 张倬元,王兰生,王士天. 工程地质分析原理[M]. 北京:地质出版社,1981.
[16] 谷德振. 岩体工程地质力学基础[M]. 北京:科学出版社,1979.
[17] 孙广忠. 岩体结构力学[M]. 北京:科学出版社,1999.
[18] 孙玉科,杨志法. 中国露天矿边坡稳定性研究[M]. 北京:中国科学技术出版社,1999.
[19] 孙玉科. 边坡岩体稳定性分析[M]. 北京:科学出版社,2013.
[20] GB 6722—2011 爆破安全规程[S]. 北京:中国标准出版社,2011.
[21] 浙江大学生命科学学院草坪花卉研究所. 河南省焦作市市区北部露天采石场边坡喷播施工技术研究报告[R]. 2008.
[22] 陆放. 采矿手册[M]. 北京:冶金工业出版社,1991.

［23］彭建谋. 宝丰县边庄水泥灰岩矿资源综合利用探讨［J］. 矿产保护与利用,2013(1):45-46.

［24］林碧华,马晓轩,等. 石灰石矿山地质环境保护与恢复治理探讨［J］. 地质灾害与环境保护,2012(2):49-50.

照片 3-1　叠层石构造

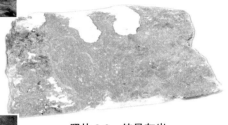

照片 3-2　结晶灰岩

照片 3-3　豹皮灰岩

照片 3-4　鲕粒状灰岩

照片 3-5　竹叶石灰岩

照片 3-6　生物碎屑灰岩

照片 3-7　红色花斑状灰岩

照片 11-1　矿山恢复治理前

照片 11-2　矿山恢复治理后

照片 11-3　风景优美的休闲公园（一）

照片 11-4　风景优美的休闲公园（二）

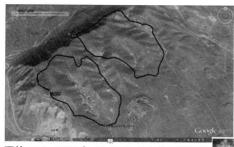

照片 12-1　2003 年 12 月 22 日山体卫星图片

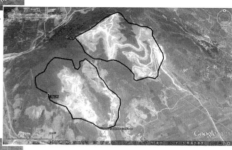

照片 12-2　2010 年 5 月 24 日山体卫星图片

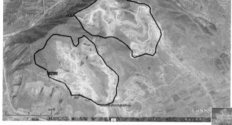

照片 12-3　2011 年 3 月 25 日山体卫星图片

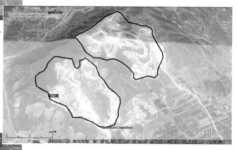

照片 12-4　2012 年 3 月 26 日山体卫星图片

照片 12-5　2012 年 11 月 19 日山体卫星图片

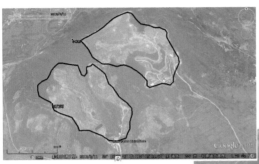

照片 12-6  2013 年 6 月 11 日山体卫星图片

照片 12-7   2014 年 3 月 25 日山体卫星图片

照片 12 -8    石灰岩的开采对地形地貌的破坏

照片 14-1   框架护坡效果图